贵州省社会科学院哲学社会科学创新工程学术精品出版项目

贵州省社会科学院甲秀文库·院省合作系列

生态底线指标体系研究
——以贵州为案例

贵州省社会科学院／编

李 萌 等／著

The Research on Ecological
Bottom Line Index System
——Based on the Case Study of Guizhou Province

社会科学文献出版社
SOCIAL SCIENCES ACADEMIC PRESS (CHINA)

课题组名单

课题组顾问：

　　李培林　中国社会科学院原副院长，学部委员，研究员

课题组组长：

　　潘家华　中国社会科学院城市发展与环境研究所原所长，
　　　　　　学部委员，研究员

　　吴大华　贵州省社会科学院党委书记，研究员

课题组成员：

　　李　萌　中国社会科学院生态文明研究所副研究员

　　娄　伟　中国社会科学院生态文明研究所副研究员

　　马　啸　中国社会科学院可持续发展研究中心

贵州省社会科学院甲秀文库出版说明

近年来，贵州省社会科学院坚持"出学术精品、创知名智库"的高质量发展理念，资助出版了一批高质量的学术著作，在院内外产生了良好反响，提高了贵州省社会科学院的知名度和美誉度。经过几年的探索，现着力打造"甲秀文库"和"博士/博士后文库"两大品牌。

甲秀文库，得名于坐落在贵州省社会科学院旁的甲秀楼——一座取"科甲挺秀"之意的明代建筑。该文库主要收录院内科研工作者和战略合作单位的高质量成果，以及院举办的高端会议论文集等，分为创新工程系列、高端智库系列、院省合作系列等。每年根据成果质量、数量和经费情况，全额资助若干种著作出版。

在中国共产党成立 100 周年之际，我们定下这样的目标：再用 10 年左右的时间，将甲秀文库打造成为在省内外、在全国社科院系统具有较大知名度的学术品牌。

贵州省社会科学院

2021 年 1 月

序

  党的十八大以来，以习近平同志为核心的党中央将生态文明建设纳入中国特色社会主义事业的总体布局，明确了创新、协调、绿色、开放、共享的发展理念，对生态文明建设提出了一系列新思想、新论断、新要求，强调要具有底线思维，守住、守好发展和生态两条底线，写好绿水青山与金山银山的大文章。

  习近平总书记对贵州生态文明建设格外关注，寄予殷切希望。2013 年 7 月，习近平总书记专门为生态文明贵阳国际论坛年会发来贺信，指出"走向生态文明新时代，建设美丽中国，是实现中华民族伟大复兴的中国梦的重要内容"。同年 11 月，习近平总书记听取贵州省工作汇报时特别强调，"要守住发展和生态两条底线"。2014年全国两会期间，习近平总书记参加贵州代表团审议时进一步强调，要"正确处理好生态环境保护和发展的关系"，也就是"绿水青山和金山银山的关系"，要"切实做到经济效益、社会效益、生态效益同步提升，使贵州青山常在、碧水长流，实现百姓富、生态美的有机统一"。2015 年 6 月，习近平总书记视察贵州时要求"必须像保护眼睛一样保护生态环境，像对待生命一样对待生态环境"，再次强调贵州必须"守住发展和生态两条底线",希望贵州省"走出一条有别于东部、不同于西部其他省份的发展新路"。2017 年 10 月,在参加党的十九大贵州省代表团讨论时,习近平总书记再次指出,要"守好发展和生态两条底线,创新发展思路,发挥后发优势",要"开创百姓富、生态美的多彩贵州新未来"。2018 年 7 月,习近平总书记为生态文明贵阳国际论坛 2018 年年会发来贺信,对毕节试验区工作做出重要指示,对绿色发展提出新的要求。2020 年,习近平总书记在参加全国两会期间,再一次强调,中国共产党根基在人民、血脉在人民,党团结带领人民进行革命、建设、改革,根本目的就是让人民过上好日子,无论面临多大挑战和压力,无论付出多大牺牲和代价,都要始终不渝、毫不动摇。习近平总书记的这些重要指示,为贵州走生态优先、绿色发展之路提供了强大动力,指明了发展方向,是各项工作的基本遵循。①

思维决定行动,习近平总书记多次强调各级领导干部要努力学习掌握辩证思维、系统思维、战略思维、法治思维、底线思维、精准思维等科学的思维方法,保证各项改革顺利推进。严守生态底线,正确处理好生态环境保护和发展的关系,这是贵州省委、省政府加快推进生态文明建设,践行保护环境就是保护生产力、改善环境就是发展生产力的指示要求,坚定不移地实施可持续发展战略的重大举措,也是确保高质量发展和全面小康实现的关键。贵州省作为全国的生态文明先行示范区,深刻认识到这项工作的重大战略意义。

---

① 李胜、麻勇斌主编《贵州大生态战略发展报告(2019)》,社会科学文献出版社,2019。

如何根据习近平总书记对贵州省提出的"守底线、走新路、奔小康"的指示精神，围绕生态底线的内涵和特征，建立一套科学客观地考量地方官员的生态政绩观和地方制度的生态民生观的生态底线指标体系及监测方法，便是当务之急、现实所需。

本课题是中国社会科学院和贵州省政府战略合作框架协议下的重大研究项目，由中国社会科学院城市发展与环境研究所和贵州省社会科学院共同承担合作研究，课题组实地调研和走访了贵州省的6个地级市和3个自治州，并与当地政府和相关部门进行多次座谈。在此基础上，本课题研究从解析生态底线的内涵和表征着手，基于贵州省守住生态底线和加强生态建设取得的成效与不足，从环境介质的视角，选取大气、水体、植被、土壤、能源5个方面共17项指标，构成生态底线考核指标体系研究框架。提出评估模型和方法，通过测量值与底线值的比较，来反映环境保护和生态建设的实际绩效，考虑到各行政区、各功能区的生态特点及环境初始状态的差异，引入历史的数据进行修正，对单个指标及综合绩效（分为优良、改善、恶化、极差四个基本等级）进行考核鉴定。不同于以往许多以污染物排放控制作为指标体系的思路和地方实践，生态底线指标体系更关注生态环境的本底条件，指标测度从常规的过程和终端标准转向自然生态环境的质量状况，有效化解"污染排放都达标，但环境质量日益恶化"的难题，为全面量化考核政府业绩提供依据，为实行最严格保护制度的相关决策提供参考，这是切实落实和推进贵州"守住山上、天上、水里、地里四条底线"和"党政同责、一岗双责、严肃问责的共建安全共同体"的有力举措和重要支撑，对于推进贵州省走新路、奔小康，建设美丽贵州，走向社会主义生态文明新时代具有重要的现实意义。

潘家华　吴大华

2021 年 6 月

目 录
contents

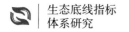

第一章

开展生态底线指标体系研究的背景及意义

当前,生态的概念已深入人心。生态文明建设是中国特色社会主义事业的重要内容,是加快转变经济发展方式、提高发展质量和效益的内在要求,关系人民福祉,关乎民族未来。党的十八大以来,以习近平同志为核心的党中央立足于全局的战略高度,对生态文明建设提出了一系列新思想、新论断、新要求,做出了一系列重大决策部署。党的十九大后,生态文明被正式写入我国宪法。习近平生态文明思想成为确保党和国家生态文明建设事业发展的强大思想武器、根本遵循和行动指南。

"两条底线"理念最初是习近平对贵州提出的,习近平总书记要求贵州工作必须守住发展和生态"两条底线",这也保证了贵州能够与全国同步全面建成小康社会。对贵州来讲,贫困落后是主要矛盾,加快发展是根本任务。

第一节　政策背景

国务院于 1973 年 8 月 5 日召开了第一次全国环境保护会议,公布了我国第一部环境保护法规性文件——《关于保护和改善环境的若干规定》。1978 年修订的《中华人民共和国宪法》第一次对环境保护做出规定,为我国的环境保护和环境与资源保护立法提供了宪法基础。《中华人民共和国环境保护法》自 1979 年开始试行,并于

1989 年 12 月全国人大第七次会议上获得通过，环境保护法的颁布，标志着我国的环境保护工作进入了法治阶段，也标志着我国的环境与资源保护法体系开始建立。

截至 2019 年，中国政府先后参加了具有里程碑意义的三次环境大会，即斯德哥尔摩人类环境会议、里约联合国环境与发展大会、南非约翰内斯堡可持续发展首脑峰会，是最早提出并实施可持续发展战略的国家之一。1992 年里约联合国环境与发展大会后，中国政府于 1994 年 3 月发布《中国 21 世纪议程——中国 21 世纪人口、环境与发展白皮书》，并于两年后将可持续发展提高为国家战略且全面推进实施。

进入 21 世纪，中国进一步深化了对环境保护与经济社会发展的关系的认知，于 2003 年提出了以"以人为本、全面协调可持续发展"为核心内容的科学发展观，于 2005 年提出了加快建设资源节约型、环境友好型社会的先进理念，于 2007 年将建设资源节约型、环境友好型社会写入《中国共产党章程》，并提出了建设生态文明的先进理念。

2012 年，党的十八大报告将生态文明建设提升至国家战略，并纳入中国特色社会主义事业"五位一体"的格局，提出把生态文明建设放在突出地位，并将其融入经济建设、政治建设、文化建设、社会建设的各方面和全过程，努力建设美丽中国，实现中华民族永续发展。党的十八届三中全会进一步提出，必须建立系统完整的生态文明制度体系，实行最严格的源头保护制度、损害赔偿制度、责任追究制度，用制度保护生态环境，特别是要对一些生态环境脆弱的国家扶贫开发工作重点县和国家限制开发的区域取消对于地区生产总值的考核。在十八届五中全会上，生态文明首次被列入十大目标，这预示"美丽中国""绿色发展"将会在"十三五"期间从决策理念转变为落地规划。十八届五中全会公报明确提出，要加大力度治理环境，将提高环境质量作为中心，实行最严格的环境保护制度，贯彻落实大气、水、土壤污染防治计划，对省以下环保机构监测监察执法进行垂直管理。

2017 年，党的十九大报告明确提出"坚持人与自然和谐共生""像对待生命一样对待生态环境""实行最严格的生态环境保护制度"等论断，提出"要创造更多物质财富和精神财富以满足人民日益增长的美好生活需要，也要提供更多优质生态产品以满足人民日益增长的优美生态环境需要"的总体指导思想，提出了详尽的生态文明建设举措，向全世界发出了中国建设生态文明的庄严承诺："积极参与全球环境治理，落实减排承诺""为全球生态安全做出贡献"。①

2018 年 5 月召开的全国生态环境保护大会从战略高度明确生态文明建设根本大计的历史地位，明确习近平生态文明思想是确保党和国家生态文明建设事业发展的强大思想武器、根本遵循和行动指南。②

习近平总书记高度重视贵州生态文明建设工作，做出了一系列重要指示。2013 年 7 月，习近平总书记为生态文明贵阳国际论坛年会的开幕致贺信，信中指出，走向生态文明新时代，建设美丽中国，是实现中华民族伟大复兴的中国梦的重要内容。2013 年 11 月，在听取贵州工作汇报时，习近平总书记要求贵州必须坚守发展和生态两条底线。随后习近平总书记又多次对贵州提出相关要求，指出发展和生态环境保护二者之间息息相关，要正确处理好二者的关系，在

---

① 参见 2017 年 10 月 28 日，习近平总书记在中国共产党第十九次全国代表大会上作的报告。
② 潘家华、黄承梁、庄贵阳、李萌、娄伟：《指导生态文明建设的思想武器和行动指南》，《环境经济》2018 年第 Z2 期。

深化生态文明体制改革方面要大胆创新、敢于实践，协同推进发展和生态环境保护。同时习近平总书记强调，贵州的发展充分说明，只要树立正确的指导思想，处理好二者间的关系，就具有推进生态文明建设的强大动力。2014 年全国两会期间，习近平总书记参加贵州代表团审议，会上要求贵州的经济社会发展需以生态文明的理念为引领，同步提升经济效益、社会效益和生态效益，做到青山常在、碧水长流，使百姓富、生态美有机统一。2015 年 6 月，习近平总书记在贵州考察指导工作，考察期间指出，人民美好生活需要良好的生态环境，在发展过程中要注意实现这个重要目标；希望贵州持续推进"四个全面"战略布局，积极适应经济发展新常态，守住发展和生态两条底线，培植后发优势，奋力实现后发赶超，走出一条有别于东部、不同于西部其他省份的发展新路；要更加重视生态环境保护，勇于创新生态文明建设体制机制，全面落实行动计划。2017年 10 月，习总书记在参加党的十九大贵州省代表团讨论时发表重要讲话，希望贵州的同志全面贯彻落实党的十九大精神，大力培育和弘扬团结奋进、拼搏创新、苦干实干、后发赶超的精神，守好发展和生态两条底线，创新发展思路，发挥后发优势，决战脱贫攻坚，决胜同步小康，续写新时代贵州发展新篇章，开创百姓富、生态美的多彩贵州新未来。习近平总书记对贵州生态发展做出的这一系列重要指示，是对贵州可持续发展的深切关心，是贵州生态文明建设提速的强大动力和行动指南。党中央、国务院高度重视贵州生态文明建设工作，2014 年 6 月，国家批复了《贵州省生态文明先行示范区建设实施方案》，指出加快推进贵州生态文明先行示范区建设，以先进典型引领生态文明建设，敢为人先、大胆实践，努力探索出一个可以在全国复制推广的有效模式。2015 年 4 月出台了《中共中央 国务院关于加快推进生态文明建设的意见》，明确了生态文明建设的总体要求、目标愿景、重点任务、制度体系，党的十八大和十八届三中、四中全会完成了生态文明建设的顶层设计，这是中央完成顶层设计后对生态文明建设的一次全面部署，为当前和今后一个时期的生态文明建设推进工作提供了纲领，也为贵州加快建设生态文明先行示范区提供了政策引领和基本遵循。同年 9 月，《生态文明体制改革总体方案》出台，提出健全自然资源资产产权制度、建立国土空间开发保护制度、完善生态文明绩效评价考核和责任追究制度等。2017 年 10 月，中共中央、国务院印发的《国家生态文明试验区（贵州）实施方案》，以打造美丽中国"贵州样板"为核心，提出了 8 个方面 32 项改革任务，聚焦了基础制度建设、特色试验、制度创新等几大方面，凸显"贵州特色"，彰显"贵州绿色智慧"，强调生态文明的制度创新，注重有效制度供给，这是党中央、国务院总揽全国生态文明建设和生态文明体制改革的重大部署，是贵州生态文明建设的一个重要里程碑，对于全面提升贵州生态文明建设水平具有重大而深远的意义。

为深入贯彻习近平总书记系列重要讲话精神和对贵州工作的重要指示精神，贵州省委于 2015 年 7 月出台了《关于贯彻落实〈中共中央 国务院关于加快推进生态文明建设的意见〉深入推进生态文明先行示范区建设的实施意见》，该意见指出，要坚守生态底线，维护国家生态安全，切实推进生态文明建设，加快生态文明先行示范区建设，为我国生态文明建设探索出一条具有贵州特色的发展路径，发挥示范效应。同年 8 月，"守底线、走新路、奔小康——深入学习习近平总书记视察贵州重要讲话精神理论研讨会"成功举办，举办单位包括中共贵州省委、人民日报社和中国社会科学院。时任贵州省委书记陈敏尔在会上强调，要全面贯彻落实习近平总书记相关讲话精神，丰富"两条底线"理论内涵，一手抓发展，一手抓环保，坚定不移地守住发展底线、生态底线。在 2015 年 11 月召开的中国共产党贵州省第十一届委员会第六次全体会议上，贵州省政府提出了加快生态文明建设的相关要求：要充分利用贵州的生态优势，敢于创新，先行先试，探索出一条发展新路。要稳增长、保收入、助脱贫、惠民生，坚守发展底线，还要让天更蓝、水更清、山更绿，坚守生态底线。深化体制机制改革，寻找经济增长新动能，切实保护生态环境，为贵州的发展按下"加速键"。2017 年，贵州省第十二次党代会上，明确了"大生态"战略。

至此，贵州省生态底线理论和战略初步确立，但具体管理体系仍有待进一步完善。确立山上、天上、水里、地里四条生态底线和资源能源消耗上限，明确大气、水体、土壤、植被、能源五条底线的内涵和数量；构筑"八大体系"，实施"八大工程"。研究和应用生态底线指标评估和考核体系以保障政府环境绩效切实提升、环境质量切实改善，将成为今后工作的重点。

第二节　战略意义

当前我国正处于经济结构优化发展、经济增长生态转型的关键时期，党中央从战略和全局的角度出发，深刻地认识到了生态文明建设的紧迫性与重要性，呼吁全社会加强使命责任感，树立尊重自然、顺应自然、保护自然的先进理念，贯彻落实"绿水青山就是金山银山"理论，坚定不移地推进生态文明建设，建设美丽中国。要守住生态红线和底线，保护森林、草原等重要的生态循环系统，提高生态功能，推进绿色低碳的循环发展，不允许出现重大生态环境问题；要加强监管，落实中央环保督察工作，加快构建生态文明绩效评价考核和责任追究制度，对造成严重生态环境问题的，要终身追责；完善法律体系建设，将生态文明建设纳入法制化轨道上来，强化公检法部门联动，加大对环境违法犯罪行为的打击力度；加强生态文明建设的宣传力度，有效利用公共宣传工具，表彰先进典型，曝光反面案例，进一步提升人民群众的生态意识；各级各地领导干部要敢于承担责任，贯彻落实各项生态文明建设政策，履行领导、管理和保护责任，努力实现可持续发展。

当前，我国面临的生态环境问题主要包括以下几方面。一是资源约束刚性明显。沿海地区人口密集、水资源紧缺等问题日益严重，越来越难以保障能源资源以及重要矿产资源的安全。二是环境污染尚未根治。我国还有部分城市的空气质量不达标。中东部地区特别是京津冀及周边地区依然频繁出现较为严重的雾霾天气，都集中凸显了我国大气污染形势的复杂性、严峻性。全国水资源污染的问题也不容忽视，各江河水系、地下水污染和饮用水安全问题依旧难以彻底解决，部分地区重金属、土壤污染严重。三是生态系统的退化日益严重。我国目前的森林覆盖率虽已大幅提升，但总比例仍不算高，水土流失较为严重，草原退化、土地沙漠化面积较大，自然湿地面积缩小，河湖生态功能减弱，生物多样性趋于下降。四是国土开发空间格局不够合理。总体上看，生产空间较多，但生活空间、生态空间明显偏少，一些地区片面追求经济增长，盲目、过度、无序开发，其资源环境容量已经接近或超过承载能力的极限。五是气候变化带来新挑战。我国二氧化碳等温室气体排放总量大，面临十分严峻的减排形势。六是环境问题引发社会影响。部分企业逃避法律监管，违规违法排污，污染环境，引发了群众和社会的强烈反响。

也就是说，需要同时重视发展和生态两条底线。发展是解决中国很多问题的根本因素，没有持续的发展，就业和收入就上不去，社会稳定就可能出状况，各种改革也就缺乏保障力量。因此，保持一定发展速度，是我们国家必须要守住的发展底线。同时，守住生态底线也同样重要，尤其在当前，很多地方的环境承载能力已经达到或接近临界点，如果再压一根"稻草"，不仅环境问题堪忧，也会动摇经济发展的基础。

守住两条底线，要防止不作为倾向，那就是：由于担心捅娄子、出问题，拿底线当"挡箭牌"，遇到问题绕着走，该改的不敢大刀阔斧地改，该闯的不敢义无反顾地闯，该试的不敢放开手脚去试。对于这一问题，习近平指出："强调发展不能破坏生态环境是对的，但为了保护生态环境而不敢迈出发展步伐就有点绝对化了。实际上，只要指导思想对了，只要把两者关系把握好、处理好了，就既可以加快发展，又可以守护好生态。"要守住生态与发展两条底线，就必须处理好生态和发展的关系，做到一起坚守，实现互动双赢。

正确处理好生态和发展的关系，也就是绿水青山和金山银山的关系，是实现可持续发展的内在要求，也是我们党和国家推进现代化建设的重大原则。守住两条底线要求我们，必须牢牢把握发展第一要务，从贫困落后是主要矛盾、加快发展是根本任务的基本省情出发，围绕与全国同步全面建成小康社会的目标，把经济发展保持在合理区间，在较长时期内实现较快增长。必须始终守护好生态环境，从生态环境良好而生态基础脆弱的省情特征出发，围绕打造全国生态文明先行示范区，全力保护和发展好生态优势。

贵州资源丰富，拥有凉爽的气候、清新的空气和秀美的山水，生态优势明显，但喀斯特地貌分布较广，生态基础十分脆弱，损害后非常难以修复和恢复。必须把生态环境保护抓得紧而又紧、实而又实，以此破解发展瓶颈，倒逼产业转型升级，拓展发展空间，形成新的增长动力。要守住两条底线，必须处理好生态和发展的关系，做到一起坚守，实现互动双赢。贵州面临保护生态环境与加快发展的双重压力、双重任务，在处理好两者关系方面难度更大，更需谨慎小心。必须进一步统一思想认识，坚决摒弃把生态环境保护和发展对立起来的片面化、绝对化观点，科学把握生态和发展辩证统一的关系。必须把加强生态文明建设作为贵州发挥生态优势、实现后发赶超的基本途径，作为增进人民福祉、造福子孙后代的客观要求，作为提升贵州形象、建设多彩贵州的重要支撑。让守住发展和生态两条底线的重要思想落地生根，切实做到既要金山银山，也要守住绿水青山，实现百姓富、生态美的有机统一。[①]

1. 从全国的大局看

贵州地理位置特殊，为长江、珠江上游提供了重要的生态安全屏障，贵州生态环境的质量会严重影响长江、珠江中下游的生态安全，

---

① 《守住生态和发展两条底线 抒写美丽中国的贵州篇章》，人民网，http://env. people. com. cn/n/2014/0711/c1010－25267602. html。

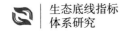
整个长江、珠江流域生态安全的实现与贵州息息相关。此外，贵州省作为全国生态文明先行示范区之一，是首批以省为单位的建设地区，在全国生态战略格局当中，有着极其重要的示范性、引领性地位。

2. 从自身条件看

人民美好生活需要良好的生态环境，这是我们发展过程中要着重实现的重要目标。贵州省的生态环境基础良好，山清水秀，天蓝地洁，为贵州的发展提供了巨大的优势，优质的生态环境在当今的经济社会中显得越发宝贵。

但与此同时，贵州地理位置独特，地形地貌复杂，境内分布着较广阔的喀斯特地貌，且生态环境较为脆弱，难以在受到损伤后修复和恢复。

从山来看，贵州全省陡坡多、土层薄，农民在山坡上耕种，往往造成水土流失，用不了多少年就会产生石漠化。

从水来看，全省地表水、地下水相互连通，如果水体受到污染，后果将是灾难性的。

从空气来看，全省全年风速以微风为主，自我净化能力弱，受到污染后很难在短期内恢复。

从土壤来看，全省农业的最大优势是土壤环境质量好，农产品品质高，土壤一旦受到污染，贵州也将丧失最大的竞争优势。

人的命脉在水，水的命脉在山，山的命脉在土，土的命脉在树。贵州独特的生态环境与其特殊的喀斯特地貌有关，这决定了贵州省更难以处理好发展和生态环境保护的关系，同时决定了守住生态底线对于贵州走新路、奔小康乃至全国可持续发展建设格局的重大战略性和现实性意义。

第二章

生态底线的界定及守住
底线理论基础

第一节　生态底线的内涵和特征

一　生态底线的内涵

"底线"一词，对我们来说并不陌生，例如，安全底线、谈判底线、道德底线等，人们常常从不同的语境进行阐释。追溯其最初含义，是指篮球、羽毛球等运动场地两端的边界线，出线即判违例；之后被引申到社会活动领域，指不能超越的权力的权限与义务的责限界线，或对某项活动的最低期望目标的最起码保证，或对某种事态的心理承受最低阈值。从概念的源起和演变过程来看，"底线"是一个动态变化的词语，从实物延伸到道德领域，再引用到目标实现中来，但不论如何演变，"底线"的种种说法虽然各具形态和标准，其共性都是"主体依据自身利益、情感、道义、法律所设定的不可跨越的临界线、临界点或临界域"，主体一旦跨越了底线，态度、立场和决策就会发生质的变化。在马克思主义唯物辩证法的层面上理解，底线是反映量变和质变关系的范畴，是由量变到质变的一个临界值，是一种"度"的约束性，维持在底线的约束范围之内，事物或事情就处于量变阶段，继续保持之前所具有的基本属性；但是一且越过了底线的界限，达到质变的关节点，事物或事情就会发生质变，成为新的物或事。①

由此可见，以坚持底线为导向的底线思维，是一种思维技巧，它是行为主体依据自身的利益、情感、法律、道义等所设定的不可逾越的临界线，一旦突破底线，行为主体的态度和决策就会发生质的变化。同时，底线思维也是一种战略思维，它把可能发生的风险、最坏的情况规划出来，通过系统的思考做出科学的判断，进而守住底线，追求系统的最佳结果，更好地实现既定目标。

底线思维运用到生态文明建设上，即"生态底线"，是指不能突破的生态安全线，是维护一个区域基本生态系统服务和生态安全的最低标准线，它是一个"立体"体系的概念，是指维持基本的生态系统服务，包括水文调节、气候调节、水资源供给、生物多样性保护等安全格局的底线，包括生态功能保障底线、环境质量安全底线以及自然资源利用底线等。

与生态底线类似的还有一个词——"生态红线"，其最初的含义是为了保障国家生态安全、推进可持续发展，而划定的受到特殊保护的区域，是一个空间范围的概念，确定了应严格保护的一个区域范围。2011 年，环保部首次提出划定生态红线任务，并于 2013 年提出构建以生态功能红线、环境质量红线和资源利用红线为核心的国家生态保护红线的立体体系，包括对国土空间中影响自然的行为划定的底线管理范围，对于环境质量、污染物排放设定的最低限度以

---

① 刘希刚：《论生态文明建设中的"底线"与"底线思维"》，《西南大学学报》（社会科学版），2015 年第 2 期。

及对于资源消耗所确定的最高限度。这些具体界限的确定，为追责和惩罚破坏行为提供了法律或规定依据。因此，从内涵上看，无论是"生态底线"还是"生态红线"，都是生态安全、公共健康、可持续发展以及生态环境的"生命线"，只不过"生态红线"是法律形式明确起来的、具有法律约束力的、切实保护生态底线以及约束破坏生态系统行为的法律或者制度上的一种管理工具。因此，基于这个层面的理解，生态底线更多体现的是自然系统自身的承载极限，而生态红线是基于生态底线并为助力实现坚守"生态底线"而设定的法律保护线，是追究破坏生态环境法律责任的依据。

贵州省运用底线思维，牢牢守住增长速度底线、居民收入底线、脱贫致富底线、公共安全底线等发展底线，严守生态底线，是事关贵州省建设发展大局的重大战略。只有让经济实力强起来，百姓腰包鼓起来，小康步伐快起来，公共环境优起来，才能实现习近平总书记"不断缩小同全国的差距，争取同全国一起全面建成小康社会"的要求。

良好的生态环境既是贵州的发展优势和竞争优势，又是人民美好生活的重要组成部分和贵州省要实现的重要目标。贵州省生态环境基础良好，但由于特定的地理位置和复杂的地形地貌，生态环境又十分脆弱，损害后非常难以修复和恢复。贵州省要走发展新路，很重要的就是要守住山青的底线，让山头常绿；守住天蓝的底线，让空气常新；守住水清的底线，让碧水常流；守住地洁的底线，让土壤常净。做好生态环境保护的顶层设计，设定并严守资源消耗上限、环境质量底线、生态保护红线，明确大气、水体、土壤、植被、能源五条底线标准，并将其作为各行政区、各功能区政府环保责任

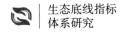
红线，通过用量化指标进行政府相关业绩考核，实行最严格的环境保护制度，确保贵州省经济效益、社会效益、生态效益同步提升的同时，实现百姓富、生态美有机统一，建设美丽贵州，这是贵州走出一条有别于东部、不同于西部其他省份发展新路的应有之义。

二　生态底线的特征

根据生态底线的概念，其属性特征主要体现在以下五个方面。

一是生态承载力与环境容量特点。生态底线是维系国家和区域生态安全的底线，是一个区域生态承载量与环境容量的最大值。

二是生态人居与小康社会特点。生态底线是生态人居与小康社会在生态环境方面的最低要求。

三是经济社会支撑性。划定生态底线的最终目标是在保护重要自然生态的同时，实现对经济社会可持续发展的生态支撑作用。

四是管理严格性。生态底线是一条不可逾越的生态保护线，应实施最为严格的环境准入制度与管理措施。

五是内涵的广泛性。生态底线涵盖了生态、环境、资源等多方面的要素。

第二节　守住生态底线和加强生态建设的理论基础

"底线思维"是以底线为导向的一种思维方法和心态，既警示人们防患于未然，认真评估发展风险，又引导人们做好变挑战为机遇、变被动为主动的心理准备，从最坏的打算出发追求最好的结果，在守住底线的前提下追求最优化结果，谋求最理想的效果。生态底线从现实生态环境情况出发，以底线思维为导向维护生态安全、保护生态环境，保证经济环境可持续发展，而包括生态安全、可持续发展、环境承载力等在内的理论正是生态底线理论的思想源泉。

一　生态安全理论是守住生态底线的思想端源

生态安全问题的提出，最早源于 20 世纪 80 年代，当时苏联的切尔诺贝利核电站事故导致人为环境灾难。然后是 90 年代后凸显的跨越国界的全球性环境公害，如沙尘暴、水污染、大气污染、温室效应、厄尔尼诺现象等，各国之间潜在的环境威胁增加。从狭义的生态系统健康与环境风险的角度来看，生态安全就是保障生态系统完整性和健康的整体水平，防范环境风险的发生；从广义的人类发展角度来看，生态安全是指人的生活、健康、安乐的保障来源、必要资源，社会秩序以及人类适应环境变化的能力等方面不受威胁的状态，包括自然生态安全、经济生态安全和社会生态安全，它们组成一个复合人工生态安全系统[1]；从地区间关系角度来看，外部地区的生态安全可以影响到本地生态系统的安全；而从生态权利角度来看，生态安全作为公民的一项基本权利应被纳入法律保护范畴。[2]

实践生态安全理论必须以自然规律为准则，保证生态安全底线

---

① 刘洋、蒙吉军、朱利凯：《区域生态安全格局研究进展》，《生态学报》2010 年第 24 期。

② 陈星、周成虎：《生态安全：国内外研究综述》，《地理科学进展》2005 年第 6 期。

不被碰触，生态安全的属地责任清晰明确、公民生态安全权利得到保障。生态底线是保障生态安全的基线，守住生态底线是践行生态安全理论的核心内容。

二 可持续发展理论为守住生态底线提供了辩证法则

工业革命促使人类财富呈指数级增长，然而资源环境问题也日渐凸显，人类生存和发展面临的威胁不断增加。自 20 世纪 60 年代，国际社会开始反思和探寻经济、社会与环境协调发展之路。从 1972 年斯德哥尔摩人类环境会议至 1992 年里约联合国环境与发展大会，可持续发展的理念逐渐形成并被国际社会所接受。

1991 年，世界自然保护同盟（IUCN）、联合国环境规划署（UNEP）以及世界自然基金会（WWF）提出可持续发展的定义："在生存于不超出维持生态系统涵容能力之情况下，改善人类的生活品质"[①]。从该定义中可以看出，不突破生态系统涵容能力是可持续发展的必要条件和重要显性标志，而这与生态底线思维是完全契合的。可以说，可持续发展就是要在发展计划和政策中纳入对环境的关注与考虑，维护、合理使用并且提高自然资源基础——这种基础支撑着生态抗压力及经济的增长。

可持续发展的理论核心紧密地围绕发展和保护两条基本主线。一方面，发展和保护互相对立、互为限制，盲目的和过度的发展会

---

① 秦大河、张坤民、牛文元主笔《中国人口资源环境与可持续发展》，新华出版社，2002，第 121 页。

对环境造成损害，而环境超载和过度损害反过来会导致发展的不可持续；另一方面，生态环境的保护与某些特定发展模式可以是相互统一、相互兼容甚至是相互促进的。要破解保护与发展相互协调的难题，首要条件就是要守住生态的底线，毕竟发展速度可以减缓，生态系统一旦崩坏则会引发人类生存危机；而守住生态底线并不意味着一味强调保护而放弃发展，恰恰相反，修复、巩固和提升生态底线是倒逼发展模式转型、谋求高质量发展的保障之基和必由之路。

三　环境承载力理论为守住生态底线提供了科学路径

日趋严峻的环境污染问题促使人们重新评估环境问题，相继提出了环境自净能力、环境容量、环境承载力等概念。从"阈值"的角度看，《中国大百科全书》认为，环境承载力是指在不发生巨大技术变革、环境系统不发生大的变化的前提下，整个地球自然资源远景所能承受的人类需求的限值；从"容量"的角度看，高吉喜在《可持续发展理论探索》[1]一书中指出，"环境承载力是指在一定生活水平和环境质量要求下，在不超出生态系统弹性限度条件下环境子系统所能承纳的污染物数量，以及可支撑的经济规模与相应人口数量。环境承载力理论注重区域环境系统结构和功能的完整，认为特定区域承载自然资源、人口和社会经济发展的环境本底条件是恒定的、客观的和决定性的，一旦越过或超出，则相当于触碰环境容量和生态阈值的'高压线'，终将导致整个生态承载能力失控"。这

---

[1]　高吉喜：《可持续发展理论探索》，中国环境科学出版社，2001。

21

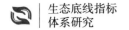
就为系统地研究这条"高压线"也即"生态底线"的衡量和划定方式、取值原理和权重方法提供了科学的概念工具和操作思路。

第三节 贵州守住生态底线的理论之源：
习近平生态文明思想

第八次全国生态环境保护大会于 2018 年 5 月 18～19 日在北京召开，中共中央总书记、国家主席、中央军委主席习近平出席会议并发表重要讲话。

此前，中国一共召开过 7 次全国环境保护会议。第一次全国环境保护会议于 1973 年 8 月 5 日在北京召开，会议正式提出我国第一个关于环境保护的 32 字战略方针。随后，从 1973 年起，国务院先后召开 7 次全国环境保护会议，为解决中国的环境问题做出了一系列重大决策，为中国的环境保护工作指明方向。从近几次的会议看，出席全国环境保护大会的党和国家领导人多是国务院总理或副总理。第八次会议，除了习近平总书记出席会议并发表重要讲话以外，其他在京的中共中央政治局常委悉数出席，中共中央政治局常委、国务院总理李克强和中共中央政治局常委、国务院副总理韩正也分别在会上讲话，这样的高规格尚属首次。

天蓝、地绿、水净是每个中国人的梦想，也是中华民族永续发展的千年大计。习近平总书记高度重视生态文明建设，党的十八大以来，他先后在不同场合发表论述，强调建设生态文明、维护生态安全。据统计，在中央全面深化改革领导小组（2018 年 3 月改为

"中央全面深化改革委员会") 召开的 38 次会议中, 20 次讨论了和生态文明体制改革相关的议题, 研究了 48 项重大改革。

生态环境保护难点在哪里, 根源何在, 如何解决? 过去 5 年, 习近平总书记奔波各地考察调研, 敏锐寻找生态环境突出问题, 仔细倾听群众心声, 认真调研环保"痼疾", 高瞻远瞩对症下药, 提出了一系列关于生态文明建设的新理念、新思想、新战略, 为生态文明建设提供了理论指导和行动指南。5 年来, 生态环境保护硕果累累。这里用望、闻、问、切、治五个字来概括。

一 "望"生态环境保护之迫切, 总书记看在眼里、想在心里

历经 40 多年快速发展, 中国在经济社会发展取得巨大进步的同时, 粗放的发展方式已经难以为继。习近平总书记敏锐地观察到了保护生态环境、治理环境污染的紧迫性和艰巨性。

2012 年 12 月, 习近平总书记首赴地方考察时指出: "我们在生态环境方面欠账太多了, 如果不从现在起就把这项工作紧紧抓起来, 将来会付出更大的代价。"

2013 年 9 月, 在哈萨克斯坦纳扎尔巴耶夫大学, 习近平总书记发表演讲, 指出绝不能为了经济的一时发展而牺牲生态环境。习近平总书记指出, 既要金山银山, 又要绿水青山。宁可要绿水青山, 不要金山银山, 因为绿水青山就是金山银山。

习近平总书记在 2014 年的全国两会上再一次强调了绿水青山的重要性。习近平总书记指出, 绿水青山和金山银山二者之间不是矛

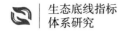
盾对立的，解决问题的关键在人的思想与思路，绿水青山也能充分
发挥出经济社会效益，切实提升经济效益、社会效益、生态效益，
从而实现百姓富、生态美的有机统一。

"绿水青山就是金山银山"这一科学论断，贯穿于习近平总书记
的生态文明思想中，成为树立生态文明观、引领中国走向绿色发展
之路的理论之基。

在全国生态环境保护大会上，习近平指出，我国目前的生态环
境质量在总体上有了很大的进步，趋势稳中向好，但当前所取得的
成绩并不稳固。我国的生态文明建设正处在夯实基础、奋力前进的
关键时期，人民日益增长的美好生活需要更多优质的生态产品以及
更好的生态环境，目前我国已经具备了解决这些问题的条件与能力。
我国经济发展已经进入新常态，由高速增长阶段转变为高质量发展
阶段，在这一时期我们将要面对多种多样的常规性或非常规性困难。
我们必须坚定不移地爬过这个坡、迈过这道坎。

二 "闻"群众关切、群众期盼，为人民群众谋求蓝天碧水，总书记走遍大江南北

"小康全面不全面，生态环境质量是关键。"5 年来，从城市到
乡村，从大漠戈壁到江南水乡，习近平总书记每赴各地考察调研，
几乎都在强调生态环境保护对于人民美好生活的重要性。

习近平总书记于 2015 年初到云南考察工作，在大理洱海边他拍
摄了一张特殊的合照，体现了他对于环境治理的充分信心与坚决态
度。习近平在合影后对云南省委书记、省长说："希望在若干年后能

够再照一张照片，那时候的洱海水应该要比现在更清澈、更干净，但如果那时候的水变得不那么干净了，我要找你们。"

习近平总书记在 2015 年全国两会期间指出，目前，环境是民生的一部分，青山是美丽中国的一部分，蓝天是幸福生活的一部分。要加快推进生态环境保护工作，对待生态环境就要像对待生命一样重视。

一是打响蓝天保卫战。与过去一段时间相比，目前全国主要城市空气质量有了好转，人民群众有感受、给好评，"天空蓝"持续刷屏。2017 年，全国 338 个地级及以上城市可吸入颗粒物（PM10）平均浓度与 2013 年相比下降 22.7%，京津冀、长三角、珠三角细颗粒物（PM2.5）平均浓度与 2013 年相比分别下降 39.6%、34.3%、27.7%，北京市下降 34.8%，达到每立方米 58 微克。[①] 要巩固取得的良好态势，就必须坚持全民共治、源头防治，持续实施大气污染防治行动，深化重点区域大气污染联防联控，只有这样，才能让百姓享有更多蓝天白云。

二是防治水污染。水污染直接关系人们生活，直接关系百姓健康。近年来，随着《中华人民共和国水污染防治法》《水污染防治行动计划》《关于全面推行河长制的意见》等的实施，水污染防治大招频现，取得积极进展。2017 年，全国地表水优良水质断面比例提高至67.9%。党中央要求进一步加大水污染防治力度，实施流域环境和近岸海域综合治理，系统推进水环境治理、水生态修复、水资源管理和水灾害防治，大力整治不达标水体、黑臭水体和纳污坑塘，严格保护

---

① 王东京：《社会主义基本经济制度是伟大创造》，《山东经济战略研究》2019 年第 11 期。

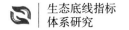
良好水体和饮用水水源，为人民群众提供良好的亲水环境。

三是还一方净土。我国土壤污染总体状况不容乐观。2016 年，国家出台了《土壤污染防治行动计划》，按照分类管控、综合施策的原则，启动土壤污染状况详查，强化土壤环境监管执法，积极探索受污染耕地安全利用模式，初步建成国家土壤环境监测网。按照党的十九大精神，今后将以农用地和重点行业企业用地为重点，开展土壤污染状况详查，强化土壤污染管控和修复，加强农业面源污染防治，加强固体废弃物和垃圾处置，开展农村人居环境整治行动，还人民群众一方净土。

"还老百姓蓝天白云、繁星闪烁""还给老百姓清水绿岸、鱼翔浅底的景象""为老百姓留住鸟语花香田园风光"。从打赢蓝天保卫战到水污染防治、土壤污染防治、农村人居环境整治，在全国生态环境保护大会上，习近平总书记强调，要把解决突出生态环境问题作为民生优先领域。生态环境问题关乎党为"人民服务"的宗旨使命，关乎广大人民群众的生产生活，既是重大的政治问题，也是重大的社会问题。随着社会经济的不断发展，人民群众对于生态环境的要求也不断提高。我们要高度重视人民群众的合理诉求，积极回应人民群众关注的热点问题，解决他们所想、所急、所盼的民生问题，加快推进生态文明建设，提高优质生态产品的供应能力，不断满足人民群众日益增长的优美生态环境需要。

三 "问"责生态破坏，追查环境污染，总书记要求绝不松懈

"生态环境保护能否落到实处，关键在领导干部，对造成生态环

境损害负有责任的领导干部，必须严肃追责。"习近平总书记在多种场合不断强调生态环境保护中领导干部发挥作用的重要性。

党的十八大以来，开展中央环保督察，这是一项重大的改革举措。中央环保督察启动于2016年，到目前已经实现了31个省（区、市）全覆盖，为人民群众推动解决了大量严重的环境问题。

第二批中央环保督察问责情况于2020年3月公布，在督察期间总共问责1048人。中央生态环境保护督察办公室常务副主任刘长根说，这体现了环境保护党政同责、一岗双责的要求。刘长根表示，91个案件移交给地方以后，全部查清属实，全部实施问责。问责的1048人，处级以上接近70%，很多地方县长、县委书记、市长包括市委书记被问责，在这次问责中很常见。

习近平总书记要求将环境保护督察作为推进生态文明建设的重要抓手，他曾多次语重心长地告诫：一定要彻底转变观念，再不要以GDP增长论英雄。在党的十九大报告中，习近平总书记明确提出坚持人与自然和谐共生。习近平强调，在生态文明建设过程中，要坚持节约资源和保护环境的基本国策，要牢固树立绿水青山就是金山银山的理念，保护生态环境就是保护生产力，坚持山水林田湖草系统治理，要实行最严格的生态环境保护制度，逐渐形成可持续发展方式和生活方式，坚定不移地走生产发展、生活富裕、生态良好的文明发展道路，积极建设美丽中国，提高生活环境质量，为全球生态安全做出贡献。

在全国生态环境保护大会上，习近平强调，打好污染防治攻坚战时间紧、任务重、难度大，是一场大仗、硬仗、苦仗，必须加强党的领导。各地区各部门要增强"四个意识"，坚决维护党中央权威和集中统一领导，坚决担负起生态文明建设的政治责任。地方各级党委和政府主要领导是本行政区域生态环境保护第一责任人，各相关部门要履行好生态环境保护职责，使各部门守土有责、守土尽责、分工协作、共同发力。要建立科学合理的考核评价体系，考核结果作为各级领导班子与领导干部奖惩和提拔使用的重要依据。对那些损害生态环境的领导干部，要真追责、敢追责、严追责，做到终身追责。要建设一支生态环境保护铁军，政治强、本领高、作风硬、敢担当，特别能吃苦、特别能战斗、特别能奉献。各级党委和政府要关心、支持生态环境保护队伍建设，主动为敢干事、能干事的干部撑腰打气。①

四 "切"诊环保领域顽疾，把脉环保法治建设，总书记的绿色发展理念"生根发芽"，成效"破土而出"

生态文明制度建设加速推进，已初步建立起具有"四梁八柱"性质的制度体系，有关生态环保的法律体系也不断完善。2015 年 1 月 1 日，被称为"史上最严"的新环保法正式实施，同年 9 月 11 日，《生态文明体制改革总体方案》公布，再加上俗称的"大气十条"、"水十条"和"土十条"颁布，依法治污渐成常态。

《"十三五"生态环境保护规划》明确提出"到 2020 年，生态环境质量总体改善"的主要目标，并提出一系列主要指标，为绿色发展"保驾护航"。习近平总书记在二十国集团工商峰会上指出，要

---

① 习近平：《坚决打好污染防治攻坚战 推动生态文明建设迈上新台阶》，新华网，http://www.xinhuanet.com/politics/leaders/2018－05/19/c_1122857595.htm。

坚定不移地全面实施可持续发展战略，加快推进绿色发展、低碳发展、循环发展，坚持节约资源和保护环境的基本国策。今后 5 年，中国单位国内生产总值用水量、能耗、二氧化碳排放量将分别下降 23%、15%、18%。

党的十八大把生态文明建设纳入中国特色社会主义事业"五位一体"总体布局，明确提出大力推进生态文明建设；十八届三中全会，习近平总书记做了关于《中共中央关于全面深化改革若干重大问题的决定》的说明，全面、清晰地阐述了生态文明制度体系的构成及其改革方向、重点任务；2020 年 3 月通过的《中华人民共和国宪法修正案》中，生态文明被正式写入。

在全国生态环境保护大会上，习近平指出，加快推进生态文明体系建设，健全以生态价值观念为准则的生态文化体系，实现产业生态化与生态产业化，改善生态环境质量，加强治理体系与治理能力现代化建设，进一步促进生态系统绿色循环，使环境污染得到有效控制，满足人民群众日益增长的优美生态环境需要，确保到 2035 年，生态环境质量实现根本好转，美丽中国建设目标基本实现。到 21 世纪中叶，物质文明、政治文明、精神文明、社会文明、生态文明实现全面提升，国家治理体系和治理能力现代化、美丽中国目标全面实现。

以习近平同志为核心的党中央遵循发展规律，顺应人民期待，彰显执政担当，将建设生态文明、推进绿色发展视为关系人民福祉、关乎民族未来的长远大计，融入治国理政宏伟蓝图。

五 "治"理环境污染，保护生态环境，总书记高瞻远瞩，引领中国书写生态文明新篇章

在全国生态环境保护大会上，习近平指出，党的十八大以来，我们开展一系列根本性、开创性、长远性工作，加快推进生态文明顶层设计和制度体系建设，加强法治建设，建立并实施中央环境保护督察制度，大力推动绿色发展，深入实施大气、水、土壤污染防治三大行动计划，率先发布《中国落实2030年可持续发展议程国别方案》，实施《国家应对气候变化规划（2014—2020年）》，推动生态环境保护发生历史性、转折性、全局性变化。①

自2018年4月1日起，环保税首轮征收开始，排污费制度向环保税制度平稳转移；4月2日，中央财经委员会第一次会议提出，要打赢蓝天保卫战，打好柴油货车污染治理、城市黑臭水体治理、渤海综合治理、长江保护修复、水源地保护、农业农村污染治理攻坚战；4月16日，新组建的生态环境部正式挂牌，"九龙治水"成为历史……

良好生态环境是最普惠的民生福祉。过去5年，我国致力于生态环境修复，沙化土地治理累计面积达1.5亿亩，造林面积达5.08亿亩，森林覆盖率显著提升，达到21.66%；全国地表水好于三类水质所占比例提高了6.3个百分点，劣五类水体比例下降4.1个百分点。地更绿、水更清、天更蓝，生态环境建设硕果累累。

生态环境部部长李干杰在十三届全国人大常委会第二次会议上

---

① 习近平：《坚决打好污染防治攻坚战 推动生态文明建设迈上新台阶》，新华网，http://www.xinhuanet.com/politics/leaders/2018－05/19/c_1122857595.htm。

介绍，我国空气质量总体改善，在保持经济中高速增长、污染治理
任务十分艰巨的情况下，较好地完成了环境保护年度目标。李干杰
表示，坚持以改善生态环境质量为核心，以落实生态文明建设的标
志性举措为抓手，全力推进生态环境保护工作，大气和水环境质量
进一步改善，土壤环境风险有所遏制，生态系统格局总体稳定，核
与辐射安全有效保障。

在全国生态环境保护大会上，习近平指出，要加快推进绿色发
展。目前我国正面临经济转型，在自然因素、人口因素、资本存量
三重刚性约束下，经济增长的转型必然要转向绿色生态化。要调整
经济和能源结构，调整产业布局，大力发展清洁能源，促进资源节
约与循环利用，提倡绿色健康的生产生活方式，反奢侈反浪费，减
少不必要、不合理消费。①

展望未来，我们有理由相信，在以习近平同志为核心的党中央
坚强领导下，在习近平新时代中国特色社会主义思想指引下，我们
一定能完成建设生态文明、建设美丽中国的战略任务，给子孙留下
天蓝、地绿、水净的美好家园。习近平强调，面向未来，我们要敬
畏自然、珍爱地球，树立绿色、低碳、可持续发展理念，尊崇、顺
应、保护自然生态，世界各国应加强生态环境保护方面的沟通交流，
特别是在气候变化、节能减排等领域，共同发展、共享经验、共同
迎接挑战，走社会和谐、生态良好的文明发展道路，给我们的后代
留下丰富且宝贵的自然环境资源。

---

① 习近平：《坚决打好污染防治攻坚战 推动生态文明建设迈上新台阶》，新华网，http://
www.xinhuanet.com/politics/leaders/2018 - 05/19/c_1122857595.htm。

第三章

贵州守住生态底线和加强
生态建设取得的成效与
存在的不足

贵州坚持"知行合一"，走好绿色新路。守住发展和生态两条底线，是习近平总书记对贵州提出的总要求。中共贵州省委十一届七次全会强调，要坚持生态优先、推动绿色发展。在保护好生态环境的同时，又要使全省经济发展保持比较快的速度，确保到 2020 年与全国同步进入小康社会。贵州独特的喀斯特地貌造就了贵州独特的、脆弱的生态环境，贵州更需要坚守住发展和生态这两条底线，如果单纯追求 GDP 的增长速度，那么在短期内，贵州的经济会迎来较大的提升，但从长期来看，生态环境由于脆弱性，一旦被破坏，就难以恢复，这是经济增长所无法弥补的。与此同时，贵州地理位置独特，位于长江、珠江的上游，为两江流域提供了重要的生态屏障，长江、珠江中下游的生态安全与贵州生态环境的质量息息相关，因此，贵州的生态环境不仅影响一个省，更是影响区域甚至全国的大事。

良好的生态环境，是人民美好生活的重要组成部分。贵州生态虽好但脆弱、环境虽美但落后。"守底线、走新路、奔小康"。贵州的发展不能走两个极端：首先是不能走先污染后治理的老路，事实证明这条路在后期需要花费更大的经济代价以恢复生态；其次也不能走守着绿水青山而放弃发展的穷路，人民群众的美好生活需要一定的经济基础。

近些年来，贵州积极听取党中央意见，坚持绿色循环发展，加快推进生态文明先行示范区建设，健全生态文明体制机制，完善生

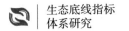
态环境保护责任追究制度，竭尽全力改善生态环境质量，补齐生态
历史欠账，努力实现好山好水好风光，满足人民群众的高质量生态
环境需要。在生态文明建设过程中，贵州省也积极实践，吸收成功
经验，推行"河长制"、生态补偿机制，制定并全面落实绿色贵州建
设三年行动计划等，坚定不移改善生态环境，让天更蓝、水更清、
山更绿，坚守发展和生态两条底线。如今，贵州多地生态环境已有
明显改善，具有生态优势，这正是国家发展大局带来的有利影响。

贵州的生态环境从总体上来看依旧非常脆弱，虽然与之前相比
已有长足进步，但贵州省面临发展与环保的双重压力；产业生态化、
生态产业化发展没有系统性的长远规划，生态环境的优势还不能有
效地转化为经济优势；生态文明领域的法律体系还不完善，政府的
治理体系与治理能力还需进一步提高。

第一节　取得的成效

作为中国首批国家级生态文明试验区，近几年来，贵州不断深
入推进绿色发展，生态环境持续优化，生态优先、绿色发展正在成
为多彩贵州的主旋律。特别是近年来，贵州坚持绿色循环发展，优
先保护生态，大力推进产业生态化与生态产业化发展，发挥生态经
济的优势，加速推进生态文明国家试验区建设，为国家生态文明总
体建设做出自己的一份贡献。

贵州坚持生态产业化、产业生态化，其绿色经济"四型"产业
包括生态利用型、循环高效型、低碳清洁型、节能环保型产业，这

些产业总值占地区生产总值的 33%。全面推进绿色贵州建设行动计划，目前全省森林覆盖率已达到 52%。加强环保基础设施建设，对重点领域重点行业进行全面整改，建立健全"河长制"，对 9 个市（州）中心城市的水质提出明确要求，其中集中式饮用水源水质达标率定在 100%，保持优良的空气质量。积极深化改革，率先开展自然资源资产离任审计等改革试点，完善生态文明体系建设，健全生态文明法治体系，成立专门职能的生态环保司法机构，加强群众宣传引导，设立生态日，广泛开展绿色发展宣传创建活动。同时，贵州践行绿水青山就是金山银山，走出了一条速度快、质量高、百姓富、生态美的经济和生态"双赢"之路。贵州充分利用自身的生态优势，发挥自身的资源环境特点，大力发展绿色农业。其中，粮食、生态畜牧、茶叶、蔬菜、烟草、马铃薯、精品果、中药材和核桃等 9 个大类已成为主导产业，食粮、油料、特色养殖、特色林业和渔业经济等 5 个大类已成为特色产业。与此同时，网上购物的快速发展为贵州绿色农业产品走向全国奠定了基础，广大人民群众从优异的生态环境中获得了丰厚的经济回报。

贵州省高度重视生态建设，将"大生态"上升为战略行动，体现了贵州坚定不移走绿色发展道路的坚定决心，积极深化改革，先行先试，为全国生态文明建设探索出一条"贵州道路"。

一　着力提高生态环境对经济社会发展的承载能力

生态文明建设的基础是资源环境承载力，目标是要建设可持续发展的资源节约型、环境友好型社会。保护生态环境就是保护生产

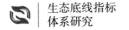
力，改善生态环境就是发展生产力。提高自然环境承载力，功在当代，利在千秋。贵州坚守发展和生态两条底线，培育生态优势，加快退耕还林、退耕还草等重点工程，使贵州森林覆盖率大幅提升；加大淘汰落后产能力度，大幅减少主要污染物排放总量。生态文明国际论坛的成功举办大力推进了生态文明制度建设，引发广泛的社会反响。改善生态环境质量，提高自然环境承载力要以问题为导向。贵州最主要的生态问题是石漠化，针对这一突出问题，贵州全面贯彻落实水利建设、生态建设、石漠化治理"三位一体"综合规划，对不适宜耕种的地区坚持退耕还林，加大人工干预的力度，通过为山区居民寻找替代能源的方式来减少砍伐，加速生态修复。森林被誉为"地球之肺"，贵州一直高度关注植树造林的具体进展，将其视为当前最紧迫的事，同时大力保护与建设森林生态系统，在3年多的时间里完成了1042万亩宜林荒山绿化。湿地被誉为"地球之肾"，贵州十分重视自然湿地的保护与人工湿地的建设，划定湿地红线，建立湿地保护区与湿地公园，进一步加强对自然湿地与人工湿地的保护工作。

贵州将围绕"治水、治气、治渣"三大任务全力打好污染治理攻坚战。水是生命之源、生产之要、生态之基，贵州着力解决工程性缺水问题，做好多蓄水、供好水、治污水、防洪水、节约水"五水"文章，对地表径流进行人工干预，减少水乱流造成的损害，大力整治重点流域环境问题，加强对城乡生活污水的集中治理，加强对水资源的有效管理；对污染严重的重点企业进行面源污染治理，加大力度解决工业粉尘、机动车尾气等污染问题；对于新的污染隐患，需要从源头上进行控制，加强污染治理能力。强化环保基础设施建设，提升环境监管能力，推进环境保护体制改革，全面落实环境保护责任追究制度，提供更优质的生态产品，让人民群众喝干净水，呼吸新鲜空气。

二　培育具有生态环境优势的环境友好型、生态友好型产业

发展"生态经济"，促进脱贫攻坚。像保护眼睛一样保护生态环境，像对待生命一样对待生态环境。贵州在全面迈进"大生态"时代的同时，还用自身的实际行动扩展了大生态的内涵，那就是：全面推动产业生态化和生态产业化发展，坚持绿色经济发展，实现产业兴、百姓富、生态美的有机统一。在脱贫攻坚工作中，贵州将生态保护有效地结合起来，改善贫困地区生态环境，提高经济收入，实现了脱贫攻坚与生态保护工作的紧密结合。

依靠生态优势、地理特点，实现发展与环保的有机统一，做优做大产业特色。贵州从"大生态"的角度出发，寻找脱贫攻坚的根本出路，不仅扩大了生态优势，更培育出了绿色文化。使得"绿水青山就是金山银山，保护生态环境就是保护生产力"的观念深入人心。如今，科学技术高速发展，贵州抓住时代机遇，发展大数据、大健康、文化旅游等一系列战略性新兴产业，使得贵州的经济发展有了新的增长点。

加快推进产业结构的调整以及转型发展的步伐是保护自然环境、实现可持续发展的根本出路。最近几年，贵州的产业发展以生态文明理念为引领，持续推进工业化和城镇化，补齐发展短板，同时，抓住机遇大力推进信息化，走出了一条产业升级与生态化的特色发

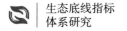
展路子。

　　贵州在发展思路的创新上狠下功夫，因地制宜地选择了能够充分利用生态优势的绿色发展产业，同时，贵州的生态优势也吸引了外来资源，加快了贵州的生态发展，把生态环境转化为生产力。贵州选择了 5 个适宜贵州发展的产业进行扶植培育。第一，抓住信息时代的发展机遇，大力发展电子信息产业，以大数据为基础，吸引一批优质项目，抢占行业发展先机。第二，高度重视人民群众健康问题，大力发展新医药和健康养生产业，打造一批重点企业，解决群众关心的健身休闲、老年健康等民生问题。第三，紧跟时代潮流，推进现代服务业发展，特别是加强文化旅游业的发展，贵州有着独特的历史文化，能够打造出一批旅游度假区与旅游综合体，系统发展现代服务业。第四，依靠贵州的山地经济规律，发展独特且高效的现代农业，打造绿色有机农业基地。第五，鉴于贵州省加快推进工业化与城镇化进程，建筑业和建材产业是刚性需求，大力发展新型建筑业和建材产业，并将其打造为支柱性产业。此外，还要全面推进贵州特色产业的发展，烟、酒、茶、药、食品这五大行业要做出贵州特色，做大做强。

　　贵州的经济发展不能走向极端，既不能"先污染后治理"，更不能死守绿水青山放弃发展，必须要顺应生态文明建设的时代背景，走绿色循环发展的新路子，加强资源循环利用，完善体系构建。大力推进资源综合利用，重点解决污染物排放问题，努力实现固体废弃物"零增加"。贵州全面落实循环经济各项要求，打造产业园区，集约利用土地资源，交换利用废弃物，循环使用废水，集中处理污染物。充分认识到科技在绿色发展中的重要性，大力发展新兴技术产业。

此外，贵州积极建设美丽乡村，保护绿水青山。自 2015 年以来，贵州省高度重视植树造林活动，连续 4 年开展从省到村五级联动的植树活动，在这 4 年时间里，收获颇丰：总计有 3700 多万人次参与植树活动，植树总量高达 1.5 亿株。

贵州省委、省政府自 2014 年以来就对林业生态工作高度重视，开展了贵州省森林保护"六个严禁"执法专项行动，划定了包括物种数量、公益林面积保有量和石漠化综合治理面积等在内的 9 条林业生态红线和总计 9206 万亩的红线管控区域。这些举措充分保证了长江、珠江上游的生态安全，提供了至关重要的生态屏障，同时也有利于贵州创建生态文明先行示范区。

2017 年 3 月，贵州省林业厅牵头编制《贵州省"十三五"生态建设规划》（以下简称《规划》）。《规划》指出，全省范围内的五大自然生态系统到 2020 年需要进入良性循环，天蓝、水清、地绿，广大人民群众的生态环境需求得到满足，人与自然更加和谐相处。用具体指标来体现就是：森林覆盖率达到 60%，退化草地治理率达到 52%，湿地面积保有量达到 315 万亩，农田实施保护性耕作比例达到 20%。

建设和改善城市生态系统也被纳入《规划》当中。"十三五"期间，贵州省推动城市绿色、循环、低碳发展，积极创建国家园林城市、森林城市、生态园林城市，打造生态宜居家园，人均公园绿地面积目标为 9 平方米，城市建成区绿化覆盖率目标为 35%，保证新建居住区绿地率 100% 达标，改造老居住区使绿地率达到 33%。

如今，在遵义与黔南，居民住房在林中修建，漫山遍野都种着绿茶，"贵州绿茶"以湄潭翠芽和都匀毛尖为代表，获批农业部农产品地理标志，这是全国首个省级茶叶类国家地理标志性产品；在安顺，以生态做底色，植绿、观叶、品果、赏花、富民"五措并举"，其中紫云县积极开展退耕还林工作，打造出"紫云速度"，西秀区致力于绿色生态修复，创造出独特的"西秀模式"；在黔东南，以自然生态资源禀赋良好为依托，以产业扶贫为抓手，围绕茶叶、蔬果、烤烟、生态畜牧、中药材等特色优势产业和乡村旅游业，推进"农文旅一体化"，积极打造"中国有机第一州"；在毕节，围绕"生态美、百姓富"的目标，大力发展具有地方特色的核桃、刺梨、苹果、石榴、樱桃等特色经果林，着力发展森林生态旅游，推进林业生态建设，先后探索出"六五"林业生态建设经验。这些实践，体现了贵州深入推进绿色发展、持续优化生态环境的信心与决心。

三 大力推进生态文明体制机制改革，基本建立了生态文明制度体系

习近平总书记指出，贵州要坚守发展和生态这两条底线，制度建设是守住两条底线的保障。最近几年来，贵州在生态文明建设方面积极实践，完善体制机制，也做出了一些亮点和特色。加大环境保护与环境执法力度，建立生态保护红线制度，建立一整套完整的环境保护执法司法机构，深化生态文明体制机制改革。建设生态文明先行示范区是贵州省的重大历史机遇，在建设示范区的过程中要全力破解当前遇到的发展与环保难题，积极改革实践。大力推进过程严管体系，完善环境保护责任追究制度及领导干部约谈制度，积

极引导第三方参与环境污染治理，完善碳排放权市场交易体系。大力推进惩治处罚制度体系建设，对生态环境事件进行事后追责，探索自然资源资产负债表编制方法，对领导干部进行责任审计，并建立环境承载力检测预警系统。坚定不移地保护贵州脆弱的生态环境，拒绝污染项目的进入；坚持以最严厉的态度对待环境污染、破坏生态行为，对于造成环境破坏的个体或企业，要追责并赔偿损失。

《国家生态文明试验区（贵州）实施方案》指出，贵州位于长江、珠江上游，有责任为中下游的生态安全建设绿色屏障，同时，贵州还担负着西部地区绿色发展、生态脱贫攻坚等战略任务，因此贵州基本建立了比较系统的生态文明制度体系。

一是有利于守住生态底线的制度。大力推动"多规合一"试点、自然资源资产负债表编制、自然资源统一确权登记等工作，在全国率先开展生态保护红线划定、领导干部自然资源资产离任审计、探索完善横向生态保护补偿制度、生态文明建设目标评价考核等工作，划定永久基本农田5257万亩，建成省、市、县三级"三条红线"指标体系，实现所有河流、湖泊、水库河长制全覆盖，率先在全国实行全域取消网箱养鱼。

二是培育激发绿色新动能的制度。掀起振兴农村经济的深刻产业革命，下大力调减玉米种植面积，促进农村发展和生态保护协同共进。建立培育发展环境治理和生态保护市场主体、加快节能环保产业发展等政策机制，改革矿业权出让收益由收缴制变为征收制，实现排污权有偿交易1.53亿元。贵安新区获批为国家绿色金融改革创新试验区。生态文明大数据共享和应用平台基本建成。开展绿色经济统计试点。农村"三变"改革深入推进。

三是大生态与大扶贫深度融合制度。探索建立了易地扶贫搬迁"贵州模式",对迁出地进行土地复垦或生态修复。率先在全国出台生态扶贫专项政策,实施生态扶贫十大工程,推动"大生态"与"大扶贫"相互融合、相互促进。

四是出台与生态文明建设相适应的地方生态环境法规体系和环境资源司法保护制度。率先出台全国首部省级层面生态文明地方性法规《贵州省生态文明建设促进条例》,颁布实施30余部配套法规。率先设置环保法庭并成立公检法配套的生态环境保护专门机构,率先开展由检察机关提起环境行政公益诉讼的探索,全省环境资源司法机构达108个,实现全覆盖。

五是以生态文明为主题的国际交流合作机制。连续成功举办10届生态文明贵阳国际会议和生态文明贵阳国际论坛,建立由中外前政要、国际组织负责人组成的国际咨询会,与联合国环境署等国际组织以及瑞士等发达国家建立了务实的国际交流合作机制。坚持理论与实践相结合,论坛源源不断的一系列国际化丰硕成果,有力助推试验区建设高端切入、科学务实、渐入佳境。[①]

贵州推行"河长制度",改善河水环境。水是生命之源、生产之要、生态之基,水生态文明是生态文明的重要组成和基础保障。近年来,得益于河长制的全面推行,贵州水环境质量持续改善,全省主要河流水质良好、清澈见底。过去,无论走到哪里,总能见到随意乱排污水、乱倒垃圾的现象。那时,贵州很多城市的河流又脏又

---

① 吴承坤:《贵州生态文明八项制度创新试验:绿就是金》,《中国经济导报》2018年7月12日。

臭又黑，垃圾横流，环境恶劣。通过建立河长制治理城市河道，很多河流都变成了市民闲暇垂钓的休憩之地。

治水的关键是要治污，贵州不仅加强了相关的立法工作，同时也加大了执法力度，严控污染物排放。贵州从治水这一个点上进行突破，逐步开始生态文明建设的顶层设计。在面对重点流域的保护工作时，积极探索污染补偿制度，贵州在黔中水利枢纽工程源头三岔河试行河长制，通过实施包含工业水污染治理、重金属污染防治等项目，三岔河水环境得到改善。很快，三岔河河长制的模式被复制到贵州其他河流流域，贵州在清水江、红枫湖、赤水河流域建立并开展水生态补偿机制，与"河长制"一起在水生态保护与恢复上双管齐下，形成独具特色的贵州管水模式。

2017年1月1日，贵州颁布《贵州省水资源保护条例》，率先将"河长制"通过立法形式予以落实，加快了贵州生态文明建设的步伐。其间，在守住两条底线的原则下，对各级河长进行严格的考核。年度目标任务完成得相对较好的河长可以获得项目资金支持；年度目标任务完成得相对较差的河长不参与评优创先，同时限制新项目获批。让专人管理河流，目标明确，效果较好。如今，贵州的河水变清了，不再发臭了，岸边的绿化也渐渐多了起来，景观变得更美丽了，市民早晚都会选择在河岸边休憩娱乐。

四　大力开展生态文明先行示范区和国家级生态文明试验区建设

近几年来，贵州省在建设生态文明的过程中持续推进生态文明制度建设，创新体制机制，获批以省为单位建设生态文明先行示范区。在生态文明先行示范区的建设过程中，抓住机遇深化体制机制改革，完善了生态文明制度体系，建立了生态补偿机制，引导第三方参与环境治理，划定生态保护红线，在各方面都取得了长足的进步，努力探索出一个可在全国复制推广的生态文明制度体系。

贵州省在生态文明先行区方面的研究和实践走在全国前列。20世纪90年代，贵州明确提出要实施"可持续发展"战略，对于促进贵州省经济社会与人口、资源、环境协调发展起到了重要的指导作用。2004年7月，贵州省九届五次全会确立实施"生态立省"发展方略，明确提出要把"生态立省"作为"十一五"期间经济社会发展的四大战略之一加以实施。"生态立省"方略的提出，使贵州的经济社会发展走向理性的回归。到2006年底，全省建立自然保护区130个，面积达96万公顷；创建国家级生态示范区建设试点12个、省级生态示范乡镇建设试点15个。通过努力，全省的生态环境质量优良以上面积占全省土地面积的75%以上。在2007年召开的贵州省第十次党代会上，贵州省委正式提出了"环境立省"发展战略，并将"保住青山绿水也是政绩"纳入新的执政理念之中。这一战略是对可持续发展战略、"生态立省"发展方略的提升，是对生态文明内涵完整而深层的解读和挖掘，使得贵州理性发展的思路更加明晰、目标更趋完善。2013年，编制《贵州省创建全国生态文明先行区规划（2013-2020年）》。2013年1月9日，贵州省第十二届人大常委会第六次会议审议《贵州省生态文明建设促进条例（草案）》。2013年7月，生态文明贵阳国际论坛2013年年会召开，开展"携手瑞士绿色赶超"对话活动，加强生态文明建设与山地经济方面的交流合作，努力推进生态文明先行区建设。随后贵州省委、省政府高度重视生态文明建设，坚持以生态文明理念引领经济社会发展。2013 年 7 月，省委、省政府明确提出打造生态文明先行区、走向生态文明新时代，相关规划编制工作旋即启动。

全省各地都高度重视生态文明建设，将其作为区域发展整体战略，各地在推进实施的同时相互促进、相互借鉴。例如：环境污染强责保险试点；将生态环境纳入同步小康创建活动和市县经济发展综合测评的核心约束指标；开展赤水河流域生态补偿，启动"三州"（黔东南、黔南、黔西南）生态补偿示范区建设。基于上述探索，2014 年 6 月 5 日，国家发改委等六部门联合批复《贵州省生态文明先行示范区建设实施方案》，该方案的发布标志着贵州正式开始建设中国生态文明先行示范区，贵州成为继福建之后第二个以省为单位的全国生态文明先行示范区。2017 年 10 月 2 日，中共中央、国务院印发《国家生态文明试验区（贵州）实施方案》，这是党中央、国务院总揽全国生态文明建设和生态文明体制改革的重大部署，是贵州生态文明建设的一个重要里程碑，是对贵州生态文明建设取得成绩的高度肯定。

贵州省坚持"守住发展和生态两条底线"，以建设"多彩贵州公园省"为总体目标，以生产空间集约高效、生活空间宜居适度、生态空间山清水秀为基本取向，以绿色为多彩贵州的底色，坚持生态优先、绿色发展，形成了以"一大战略、五个绿色、五个结合"为主要支撑的试验区建设格局。

"一大战略"，即大生态战略行动。贵州省第十二次党代会将大生态上升为继大扶贫、大数据之后的第三大战略行动。大生态的

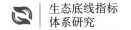
"大"就大在覆盖自然生态空间全方位，融入经济社会发展全领域，推动党政军民工农商学全参与，贯穿人民生产生活全过程。

"五个绿色"：一是因地制宜发展绿色经济。坚持多彩贵州拒绝污染，聚焦发展生态利用型、循环高效型、低碳清洁型、环境治理型"四型"产业。目前，全省绿色经济"四型"产业占地区生产总值的比重已提高到37%。二是因势利导建造绿色家园。率先划定生态保护红线，25个县被列为国家重点生态功能区，30%的县（区、市）完成县域乡村建设规划编制，城市污水处理率、生活垃圾无害化处理率均达到90%以上，创建"四在农家·美丽乡村"省级新农村示范点157个、新农村环境综合治理省级示范点192个。三是持续用力筑牢绿色屏障。大力实施"青山""碧水""蓝天""净土"四大工程，完成退耕还林607万亩，治理石漠化面积2708平方公里、水土流失面积5406平方公里；强力实施六盘水市水城河环境污染源等十大污染源治理和磷化工、火电等十大行业治污减排全面达标排放专项行动，启动实施磷化工企业"以渣定产"，实施草海综合治理五大工程，全面全域取缔网箱养鱼；中央环保督察组交办的3478件群众举报投诉件全部办结。四是与时俱进完善绿色制度。开展生态产品价值实现机制、省级空间规划、自然资源资产管理体制、自然资源资产负债表编制、领导干部自然资源资产离任审计、生态环境损害赔偿制度改革等国家试点，全面加强生态文明法治建设，取消地处重点生态功能区的10个县GDP考核，强化环境保护"党政同责""一岗双责"，实行党政领导干部生态环境损害问责。五是久久为功培育绿色文化。连续10年举办生态文明贵阳国际论坛，将每年6月18日确定为"贵州生态日"，举办了"保护母亲河·河长大巡河"和"巡山、巡城"等系列活动，编制了大中小学、党政领导干部生态文明读本，全面开展了生态县、生态村等生态文明创建活动。

"五个结合"：一是大生态与大扶贫相结合。实施生态扶贫十大工程，计划用 3 年时间助推全省 30 万户以上贫困户、100 万名以上建档立卡贫困人口实现增收。开展单株碳汇精准扶贫试点，形成"互联网＋生态建设＋精准扶贫"的扶贫新模式。二是大生态与大数据相结合。在加快大数据产业发展的同时，运用大数据手段改造提升传统产业，推动环境大数据监控全覆盖。2016 年以来，国家大数据综合试验区、国家绿色数据中心等获批建设，苹果中国云服务、华为数据中心、腾讯数据中心等项目落地贵州。三是大生态与大旅游相结合。2017 年贵州成为西南地区唯一的"国家全域旅游示范省"，接待游客人次、旅游总收入分别增长 37% 和 41%。梵净山成功申遗，贵州世界自然遗产地达 4 处，数量居全国第 1 位，多彩贵州正风行天下。四是大生态与大健康相结合。促进绿色与健康相得益彰。2017 年大健康医药产业重点工程累计完成投资 780 亿元，中药材种植总面积达 650 万亩，产业增加值突破 1000 亿元。五是大生态与大开放相结合。坚持生态优先、绿色发展，正确处理"五个关系"，以共抓大保护、不搞大开发为导向积极融入长江经济带发展。与云南、四川共同设立赤水河流域横向生态保护补偿基金。与重庆、四川、云南共同建立长江上游四省市生态环境联防联控、基础设施互联互通、公共服务共建共享机制和长江上游地区省际协商机制。与重庆建立绿色产业、绿色金融等领域务实合作机制。

通过国家生态文明试验区建设，贵州发展和生态两条底线越守越牢。2018 年一季度全省经济增长 10.1%，连续 8 年 29 个季度居全国前 3 位。同时生态环境持续向好，2017 年全省森林覆盖率达 55.3%，市（州）中心城市空气质量优良天数比例保持在 96% 以上，集中式饮用水源地水质达标率保持在 100%，主要河流水质保持优良，公众对贵州生态环境满意度居全国第 2 位。①

（一）生态活力发展整体保持增强态势，总体基本稳定

贵州省近年来生态活力整体增强，体现在退耕还林、封山育林、天然林保护等重点林业工程建设成效显著，自然保护区面积占辖区面积比提高，并成为改善生态环境、保护生物多样性和保护珍稀濒危物种的重要手段。同时，全省通过编制实施全国生态文明先行示范区规划和主体功能区规划，举办生态文明贵阳国际论坛等活动强力推进生态文明建设。根据《中国省域生态文明建设评价报告（2017）》：2003～2012 年贵州省生态活力整体保持增强态势，增幅达 27.36%，总体保持基本稳定；2014～2015 年，贵州省生态文明状况呈上升趋势，生态文明总指数进步率排名全国第 7 位，生态经济领域进步率最大，为 2.69%。②

（二）环境质量持续降低趋势未根本扭转，但退步幅度逐渐缩小

贵州省通过推进国家和省级重点减排工程建设和运营，形成由城镇污水处理设施建设工程、畜禽养殖治污工程、燃煤电厂和钢铁

---

① 《以习近平生态文明思想为指引 与时俱进加快国家生态文明试验区建设》，《贵州日报》，http://szb.gzrbs.com.cn/gzrb/gzrb/rb/20180706/Articel04002JQ.htm。
② 《中国省域生态文明状况评价报告（2017）》，《中国生态文明》2017 年第 6 期。

烧结机脱硫工程、燃煤电厂和水泥行业脱硝工程、酿酒造纸等工业企业减排工程、机动车减排工程构成的减排工程体系。由于上述工程的实施和重点流域污染治理等措施的加强，地表水体质量出现一定好转。生态环境质量总体为良，并呈略有改善趋势。各城市道路交通、区域环境和功能区噪声污染控制取得一定成效，声环境质量总体保持良好。辐射环境质量稳定，仍维持在原有良好水平。环境质量进步定量分析显示，在过去的 10 年间贵州省环境质量恶化的趋势未得到根本改善，但环境质量退步的幅度正逐年缩小。

（三）社会发展水平呈加速提高的态势

2003～2017 年贵州省社会发展水平呈加速提高的态势，社会发展进步指数排全国第一。2017 年，贵州地区生产总值达到 13540.83 亿元，人均生产总值达到 37956 元；财政总收入和公共财政预算收入分别达到 2650.02 亿元和 4604.57 亿元，分别比上年增长 7.2% 和 7.1%；社会消费品零售总额达 4154.00 亿元，比上年增长 12%；100 个示范小城镇全面小康总体实现程度为 85.8%；人均教育经费投入大幅度增加，各级各类教育繁荣发展；新型农村合作医疗制度进一步完善，参合率达 98.72%，人均基本公共卫生服务经费提高到 30 元；产业结构调整步伐加快，发展质量不断提高。

（四）协调程度呈持续提高的态势

贵州积极落实国家节能减排战略，深入推进重点产业领域发展循环经济，加快淘汰落后产能，支持重点行业推行技术改造和清洁生产。目前，贵州省整体协调程度发展态势良好。污染排放物大幅降低，单位 GDP 能耗、单位 GDP 水耗、单位 GDP 二氧化硫排放量等污染物排放量降低成效显著。2017 年全年 9 个中心城市空气中细颗粒物（PM2.5）、可吸入颗粒物（PM10）、二氧化硫（SO_2）和二氧化氮（NO_2）平均浓度分别比上年下降 9.4%、5.7%、13.3% 和 4.5%。9 个中心城市空气质量优良天数比例为 96.5%。主要河流省控断面（151 个断面）化学需氧量（COD）平均浓度比上年下降 10.4%，氨氮平均浓度下降 3.4%。9 个中心城市集中式饮用水水质达标率 100%。近几年，贵州省治理环境的投入也不断大幅增长，平均增速超过 75%。

贵州省在建设生态文明先行示范区过程中形成了五大支撑体系。

1. 贵州省域空间支撑体系

构建可持续的空间发展格局。根据"集中、集聚、集约"的原则，构筑"一核、一群、两圈、六组、多点"的省域空间发展格局，形成生态省—生态市—生态县（市、区）—生态乡镇—生态村社五级生态空间体系。

积极引导和培育全省中小城镇网络化发展，实现省域城乡发展上的整体性和平衡性。确定不同区域的主体功能，根据相应功能确定优化开发区域引领经济发展方式转变，提高经济增长质量和效益；重点开发区域强化产业集聚，着力推进城镇化、工业化量与质的发展。生态经济与生态保护区则以生态环境保护、生态农业、生态旅游等绿色产业发展为主。

探索生态城规划建设模式及评价指标体系。开展生态城指标体系研究，以生态文明理念引领规划设计和建设，突出发展低碳经济、循环经济，注重资源的节约利用和循环利用，开发和推广应用循环利用和治理污染的先进环保节能新技术，实施生态城建设示范工程。

推进绿色村社建设。将生态村社建设作为恢复农村生态环境、复兴农村经济的重要措施。生态村社规划建设以可持续耕种为指导思想，以土地资源适宜性利用为基础，按照土地用途和生态功能结合本地居民生活、劳作需要，坚持生态系统原则，从保证整体和连续性角度确定区域生态结构和功能分区。对现有村庄进行生态化更新改造，对现有地理条件进行生态修复，使之适宜于农作物生长和居民生活，实现低输入与可持续物质循环。

2. 贵州省域生态支撑体系

一是不断加强对森林生态系统的保护与建设。贵州省以可持续发展理念为指导，以前瞻性、分类经营、可持续性、整体协调性为原则，应用景观生态学、生态经济学和绿色人居环境理论与方法，定位生态保护、生态治理、生态产业，以森林资源保护、生态修复、林分质量提高、林地保护、城乡绿化建设为重点，以工程为载体，以科技为先导，在毕节市、贵阳市、遵义市、铜仁市、六盘水市、安顺市、黔东南州、黔南州等市州的 67 个县逐步实施森林生态系统保护与建设战略行动计划（例如天然林资源保护工程、推进公益林规划建设、森林抚育工程、森林质量提升工程、城乡绿化美化工程、交通走廊绿色通道建设、林业产业提升工程、防护林体系建设工程、林业生态文化建设工程等），构筑了以森林生态系统为主体的区域生态安全体系，建立了具有生态经济特色的林业产业体系，营造出绿色人居环境。

二是推进石漠化综合治理。坚持"综合治理，经济与生态效益相结合，因地制宜"的原则，以生态修复理论为指导，以科技为支撑，以法治为保障，以体制机制创新为动力，遵循自然规律和经济规律，采取生物和工程措施相结合，逐步恢复和重建岩溶地区生态系统，控制水土流失，遏制石漠化扩展趋势。例如，在岩溶峡谷石漠化综合治理区岩溶断陷盆地（包括六盘水市钟山、六枝、水城，安顺市关岭和黔西南州晴隆、兴仁、贞丰，毕节地区的威宁、赫章等9个县），重点开展以封山育林、人工造林种草为主的植被建设，提高植被覆盖率；加强水源工程建设和坡改梯；对陡坡耕地实施退耕还林还草，积极发展特色农林产业和草食畜牧业；加大水土资源保护和开发力度，提高水土资源综合利用能力；积极发展特色经果林、早熟蔬菜和种养结合的庭院经济等。通过林草植被保护与建设工程、草地建设和草食畜牧业发展工程、基本农田建设工程、石漠化综合治理示范工程、小流域水土流失综合治理工程、易地扶贫搬迁工程等，在生态修复重建基础上发展生产，不仅保护了生态系统，同时拓展了经济发展渠道，增加当地农民收入，促进石漠化地区经济社会可持续发展。

三是加强湿地生态系统保护与建设。贵州省认真贯彻落实《全国湿地保护工程规划（2002－2030 年）》《贵州省湿地保护与发展规划（2014－2030 年）》等有关要求，坚持"全面保护、重点突出、生态优先、合理利用、促进发展"原则，以保护湿地生态多样性和提高湿地生态服务功能为主要目标，以保护与恢复工程为重点，提出把湿地保护管理工作纳入法治化的管理轨道、构建全省湿地保护体系、确保湿地保护所需的人财物、提高湿地保护率、提升湿地保护管理的科技支撑水平、提高公众的湿地保护意识、加强湿地生态系统保护、提升湿地功能等战略，实施湿地保护工程，湿地植被、动物与栖息地恢复工程，湿地可持续利用示范工程，湿地保护管理能力建设工程，湿地生态保护补助工程五大工程，逐步恢复湿地的自然特性和生态功能，实现湿地资源可持续利用，从而为贵州省实施可持续发展战略服务。

四是推动草地生态系统保护与建设。贵州省以系统生物多样性的保持、植被结构功能的稳定、系统的可持续发展和系统服务功能的良性循环为目标，坚持草畜平衡原则，在毕节市、黔西南州、遵义市、铜仁市、安顺市、黔南州、六盘水市等地区的 60 多个县，通过高产优质人工草地规划建设工程、退化草地治理工程、推广岩溶地区草地治理试点经验并逐步扩大草地治理试点范围等一系列举措，建设与恢复岩溶草地生态，防治草地石漠化和水土流失，并建立了长期、有效治理退化草地的技术体系和技术推广与服务体系，加强牧草种质资源保护与合理开发利用，以提高草地保有量。

五是要强化河湖管理与保护。贵州省强调树立以人为本、人与自然和谐相处的理念，以建设资源节约型和环境友好型社会为主线，科学规划、完善机制、落实责任、强化监管，构建水资源合理开发利用和保护的长效机制，来切实维护河湖健康，以健康完整的河湖功能支撑经济社会的可持续发展，推进水生态文明建设。要求加大水资源开发利用、大力发展民生水利、做好防洪抗旱减灾、加强水资源节约保护、加大力度做好水土保持与河湖生态修复、加强水利行业能力建设，提出了湖泊综合整治行动、河网水质提升行动、节水减排与控源截污行动、生态河道建设行动、清水涵养行动、防洪排泄达标行动、城乡供水安全升级行动、水域经济生态发展行动、现代水管理体系建设行动、水文化与水意识提升行动、河湖管理动态监控平台建设行动、建立占用水域补偿制度等一系列行动计划，把严格水资源管理作为加快转变经济发展方式的战略举措，使水利更好地服务于贵州"加速发展、加快转型、推动跨越"的主基调和实施"工业强省、城镇化带动"战略。

六是要加强生物多样性保护。贵州省以科学发展观为指导，着眼国家战略需要和贵州省生态文明建设，正确树立尊重自然、顺应自然、保护自然的价值观，以实现保护和可持续利用生物多样性、公平合理分享利用生物多样性资源产生的惠益为目标，针对生态系统、生物物种和遗传种质资源 3 个层次，提出几大战略重点（完善生物多样性保护与可持续利用的政策与法规体系；开展生物多样性调查、评估与监测；建立生物多样性保护基础信息系统；保护野生生物及其栖息地；科学开展生物多样性迁地保护；加强外来入侵物种和转基因生物安全管理；加强生物多样性保护的科技支撑体系建设；促进生物遗传资源及相关传统知识的合理利用与惠益共享；建立生物多样性保护公众参与机制与伙伴关系）、十大行动计划〔地方法规建设工程；省域生物多样性资源信息库及管控平台建设工程；多层级（国家级、省级、地区级）自然保护区生物多样性保护示范工程；重点物种及其栖息地保护工程；生物物种资源迁地保护体系建设工程；外来入侵物种监测、预警及应急系统建设与转基因技术研究工程；畜禽遗传、作物种质资源保护与开发利用工程；生态旅游示范项目建设工程；自然保护区周边地区社区可持续发展示范工程；生物多样性保护宣传和公众参与机制建设工程〕，配套生物多样性保护体制与机制，以科技和机制创新为动力，以提高公众保护与参与意识为氛围，全面实现生物多样性的有效保护与可持续利用，构建人与自然和谐、美丽的生态省。

七是加大污染防治力度。贵州省提出以污染减排，水污染防治，大气污染防治，土壤、重金属和固体废物污染防治为治理重点，通过超前规划、源头控制、技术更新、限量净化等战略措施，采取溪流、湖泊、地面再自然化行动；采用技术性措施恢复溪流、湖泊的原生自然状态；采取源头控污，限量净化行动。从源头严格控制水污染，实行污水限量净化，对现有污水负荷网进行分配，实施全过程、多环节水质监控与分析。通过建立水质目标、供水系统、监控系统、预防性风险管理系统实现多重关卡水质监管多渠道开源，实现水资源可持续利用。对水循环进行全过程控制，制定完整的节水制度和节水计划，设立专门执行机构，并执行"供水申请许可制度"严格用水需求管理。设定法律法规限制污染排放。例如车辆限行、限速，工业设备限制运转等。选择设立"环保区"，只允许符合环保标准的车辆驶入，以技术手段减少排放。对未安装过滤装置的车辆征收附加费，以此推进汽车生产技术的更新。实行大气治理的区域联防联控。坚持超前规划，用严格规划控制产业布局和环境污染。严格进行土地规划，合理划分各城市功能区，合理布局产业，对城市基础设施进行超前规划等，大力推进污染物减排，打好打赢污染防治攻坚战。

八是要加强环境风险防控。针对环境风险，贵州省提出坚持预防为主、防治结合，政府引导、协力推进原则，以有效规避环境风险为目标，重点推进防灾减灾能力建设、环境监管能力建设、环境风险预防与处置建设。深化并全面完成环境风险调查评估、环境风险评价审批制度、环境风险信息公开、环境风险补偿、环境风险危

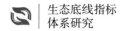
害赔偿制度和风险责任保险。进一步完善以预防为主的风险管理体系，进一步在建立事故处置和损害赔偿恢复机制等全过程管理的薄弱点和重点环节加大管理力度，推进环境风险全过程管理。

3. 贵州省域产业支撑体系

（1）促进第二产业生态化发展。以实现产业活动与资源环境的良性互动为目的，基于产业发展和资源环境现状，从企业、产业共生网络和区域循环经济三个层面推进产业生态系统的构建。以生态理念推动传统制造业高端化、低碳化、服务化、集群化，尽快淘汰落后产能，改造提升传统产业。产业生态系统在构建产业生态化与产业结构优化和产业集群良性互动过程中，充分发挥战略性新兴产业的带动作用。

改造提升传统产业。以企业为主体，以自主创新为动力，以信息化为手段，以各类工业园区、产业集群等为载体，通过推进技术改造、研发设计、品牌创新、产业链延伸，促使优势传统产业沿着创新、高效、集约、生态的发展路径成功实现转型升级，加快做大、做优、做强。具体举措包括：构建载体建设工程——传统产业转型升级产业园建设，加快传统产业信息化改造工程、传统产业自主创新工程，促进优势传统产业转型升级技改工程，以及加强品牌培育工程等。

大力推进新型工业化发展。贵州这几年加大力度实施创新驱动战略，重点培育节能环保、新信息技术、新材料、新能源、高端制造等战略性新兴产业，加大风电、物联网、云计算等技术研发和应用推广，通过积极发挥政府作用，完善政府职能制度；制定有效产业规划，加强政策引导、完善扶持制度；合理利用财税政策，完善环保财税制度；进一步规范环境产业标准，建立并完善环保产品规范体系；加强融资管理，完善投融资制度等，引导战略性新兴产业与现有产业融合发展。

（2）加快现代农业生态化发展。从贵州的基本省情和农业发展实际需求出发，以传统农业现代化综合发展、特色农业产业化集群发展、生态农业产业化创新发展为核心，实施技术升级、产业集聚、政策保障与城乡统筹战略，并结合社会参与等机制创新，优化农业结构，实现农业高效健康发展。开展循环经济示范园区和示范企业创建活动，实施再生资源回收利用工程，发展生态立体农业循环模式，全面推行清洁生产。

传统农业现代化综合发展。加快完善农业基础设施建设，加强农业技术推广，做好病虫害灾害防控工作，保证农产品顺利流通和质量安全，推进传统农业现代化发展。充分发挥农业生态系统的整体功能，以发展大农业为出发点，按照"整体、协调、循环、再生"的原则，全面规划，改善传统农业结构，使得农、林、牧、副、渔各业和农村一、二、三产业融合发展，并使各产业之间相互促进，提高农业综合生产能力。

特色农业产业化集群发展。以产业化发展为原则，加快发展烤烟、马铃薯、高粱、油茶和草地生态畜牧业等一批特色产业，做大做强一批龙头企业和合作组织，提升产品附加值，重视特色优势农产品基地建设。大力发展无公害瓜类蔬菜业、水果业、花卉业、中药业、籽种苗木业和农产品加工业。

生态农业产业化创新发展。从农户/企业层面、园区层面和园区网层面提出循环经济推进策略：内循环重点是实施清洁化生产模式；

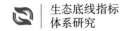
中循环重点是进行生态化园区技术改造；超循环重点是构建循环农业园区网，按照生态化、复合化的总体要求，分区域园区网类型和广域园区网类型两种建设。通过物质循环和能量多层次综合利用与系统化深加工，实现经济价值增值，实施废弃物资源化利用以提高农业效益、降低成本，为农村大量剩余劳动力创造就业机会和为农业发展提供积累。

（3）推动服务业生态化发展。贵州省提出，要优先发展生产性服务业，调整提升生活性服务业。发展生态型服务业，以低消耗、低污染、产业发展与生态环境协调为目标，以 3R 原则为指导，针对有环境强胁迫性的服务行业，依靠清洁技术创新、环境管理和制度创新，围绕"提供服务""实施服务""享用服务"的服务业产业系统结构，通过节能、降耗、减污、增效和企业形象等方面，逐步建立起了生态服务产业的生产、消费、还原等过程的产业生态链。

4. 贵州省域文化支撑体系

推进生态文化研究。充分汲取前人生态智慧，挖掘山水文化、森林文化、传统农耕文化及少数民族传统文化的生态思想内涵。树立现代生态文化理念，开展以生态文化为主题的艺术创作。通过生态文化的研究与宣传，培育公民树立正确的生态文明价值观、审美观，唤醒人民群众的生态意识，使得全社会有意识地关注生态文明。

（1）加强生态文化传播。①大力倡导生态文明教育。从生态文明学院教育体系、企业教育体系、生态社区教育体系等方面构建生态文明教育体系。全面推进大中小学学生生态文明教育。开展"绿色企业"创建活动，从企业生态文化建构，企业的生态化设计与建设，企业的清洁生产、企业生态文化教育和培训制度等方面构建企业的生态文明教育体系。制定社会生态教育网络和制度，以社区生态文化为指导，强调社区公众参与。②深入开展生态文明宣传。开展大众宣传活动，以广覆盖、慢渗透的方式逐步提高公众生态道德素养。强化通过物质媒介进行宣传。充分利用现有的所有公共宣传手段，例如美术馆、博物馆、电视台、文艺作品、新闻出版、互联网等广泛地向社会宣传生态文明知识及意识，并借此加快公共宣传网络体系的建设工作。③开展生态文明创建活动。通过"抓示范、抓典型、抓机制"，在推进绿色社区创建工作的同时，进一步开展绿色宾馆、绿色商厦、绿色医院、绿色工厂等创建工作。

（2）建设生态文化载体。①发掘和保护具有生态价值的历史文化遗存。贵州具有悠久的历史文明，如今还保留有大量的古民居、古村落、历史街区等文化遗产，在这些文化遗产中蕴含着古老的生态文化机制，我们要善于发掘。同时，注重对重点文物资源的整体性保护。②加强对非物质文化遗产的保护传承和开发利用，以非物质文化遗产为基础，建设一批展览馆和保护示范基地。在一些环境较好、有传统文化代表性的民族村寨中设立博物馆（例如乌当渡寨等生态博物馆）。加快推进文化生态保护试验区、文化生态保护区建设。③加强对生态文化资源的开发与保护，设立生态文化保护区。在贵州省境内寻找一些具有丰富生态文化遗产且保持完整的地区，申报设立国家级生态文化保护区。④加强生态文化的宣传引导工作，打造一批宣传教育基地，基地以绿色社区、绿色企业、生态村为主体。

（3）推广生态生活方式。开展节约减排行动，鼓励市民使用节能型电器、节水型设备。开展固体垃圾分类收集与处理、整体化的垃圾处理设施建设、垃圾减量化与资源化试点。鼓励绿色消费，提倡健康节约的饮食文化。推动绿色出行。编制环境友好的城市交通发展规划，提供高质量、方便、安全、快速及可负担的整体交通系统。建设多制式整合的公共交通网络，保障便捷、安全及清洁的公共交通方式。建设自行车通行网络，保障环境友好的自行车交通。一体化的交通系统管理体制与机制，保证交通决策和管理的完整性、系统性和连续性。建立一体化的交通需求管理政策，合理引导个体机动化交通需求。推广绿色建筑。

5. 贵州省域制度支撑体系

（1）构建生态行政管理体制。构建绿色政府形象，强化政府在生态文明建设体系中的主导地位，以生态文明理念约束政府决策，制定和实施旨在推动生态型政府和生态文明建设的法律规章和政策措施，为全社会生态文明建设工作做出表率。

建立绿色政绩考核制度。完善促进科学发展及生态文明建设的党政领导班子和领导干部综合考核评价机制，加大资源消耗、环境保护、消化产能过剩、安全生产等约束性指标在党政实绩考核体系中的权重。建立主体功能定位区差别化考核评价机制。探索自然资源资产负债表的编制方法，对领导实施离任审计。加快建立生态文明绩效评价考核和责任追究制度。

完善生态建设法律法规体系。进一步完善生态文明先进区建设的法规、规章和政策措施。加快全面实施《贵州生态文明先行示范区建设实施方案》。出台《贵州省生态文明建设促进条例》配套规定，修订有关法规。增加相关领域环境保护立法，同时根据实际情况完善具体领域立法。建立健全自然资源资产产权制度，形成具体可操作的自然资源资产代理或者托管体制。切实落实生态保护红线制度，完善自然资源用途管制制度，建立特定行政部门对国土空间用途进行独立监管和行政执法。起草《生态补偿管理条例》并探索建立生态补偿标准体系，以法制化方式实现代内、代际生态公平。

建立环保督察机构，加强跨区域污染联防联控的能力。不同区域的环境污染特征不同，基于此建立跨城市、跨部门的联防联控机制，省政府及地方政府有关负责人组成领导小组，承担日常的指挥工作，对重大问题进行决策，着力构建一体化的体制机制；重新规划组织流域管理机构，组建流域委员会，担负流域规划和重大问题的决策、协调和监督职能，建立流域综合管理体制机制。

建立行政激励约束机制。通过政策扶持或资金补贴激励企业提高能源利用效率、减少污染排放。建立增加企业污染排放风险成本的节能减排保证金制度，对企业行为进行事前约束。建立动态污染物排放总量分配模式，对超排单位与地区进行分层次规制约束，包括停发排污许可证及停批新增总量的建设项目。

（2）创新资源环境经济体制。通过创新环境价格和市场政策、财税政策、绿色金融与资本市场制度、环境保险制度等经济调节手段，增加环保投入、降低环保成本，建立资源要素科学配置、运转高效的资源环境经济体制。

创新环境价格和市场政策。深化资源性产品价格改革，通过差异化价格调节资源性产品的供需关系：总体推行企业用水用电超额加价政策，针对重点用能机构采用差别电价政策；针对绿色环保行业及设施实行电价优惠，落实脱硫脱硝除尘电价。推行城市生活用水用电阶梯价格。健全资源有偿使用制度，合理制定征收补偿费的项目制度。建立健全污染者付费制度，完善污染物处理收费制度。探索按污水中污染物含量收取污水处理费，征收垃圾处理费。完善排污权有偿使用政策，开展排污权交易试点，建设环境权益交易中心。完善政府绿色采购制度，建立各级政府绿色节能产品政府采购目录。

创新环境财税政策。在日常的财政支出中建立预算保障机制，切实保证环保支出随 GDP、财政收入的增长而增长。完善监管、评估和激励机制、建立区域发展和考核指标，引导区域间建立环境保护和治理协作机制。建立资源综合利用与治污企业财政补贴制度。实施分主体功能区、分类财政管理政策，按照乡镇功能定位的不同，采取差异化财政政策。对重要生态功能区所在欠发达乡镇实行基本财政保障制度和生态保护财政专项补助政策。建立健全生态补偿机制。通过财政转移支付、生态受益者付费、生态使用者付费、生态税等形式进行生态补偿。探索污染产业退出补偿政策。

创新绿色金融与资本市场制度。建立政府绿色投资基金，通过整合私人投资加大政府投资力度。整合私人投资发展绿色金融服务。由公共管理部门、银行、投资方及私人公司组成公私合作伙伴关系，加强全省金融机构的实力。公私合作搭建绿色金融平台。吸引各利益相关方进行金融创新来应对可持续发展挑战。建立绿色信贷决策引导制度、责任追究制度和环境风险评估制度，通过信贷控制高污染、高环境风险行业发展，引导产业结构调整。完善政策性银行针对环境保护开展相关业务，将环境责任进一步明确纳入商业银行的业务活动中。上市公司有责任有义务进行环境保护活动并接受环境绩效评估，因此需逐步完善绩效评估制度。

创新建立环境保险制度。加快建立环境污染责任保险制度，并选择特定行业及区域进行试点。在有关地方环保立法中增加"环境污染责任保险"条款。对于重点企业要设立明确的污染损失赔偿标准。探索建立与环境保险制度相匹配的管理体制机制，包括环保部门运用各种手段认定保险责任，保险公司在监管部门的指导下建立明确规范的理赔程序与标准，在赔付的全过程中保持最大限度的信息公开透明与沟通通畅，以尽可能地保障相关受害人的合法合理权益。

（3）创新公众参与体制机制。建立完善政府环境管理信息公开制度、公众听证制度；积极引导公众树立生态文明意识、参与生态文明建设，以有利且宽松的政策环境完善公众参与机制，支持公众踊跃参与，在社会中形成一股建设生态文明的强大力量。培育引导环保社会组织健康有序发展，壮大环保志愿者队伍。

构建环境信息公开体系。推进政府公开环境数据信息、环境政务信息、环境关联信息、环境服务信息，将环境信息公开作为日常工作纳入工作考核中，并建立追责制度。完善政府信息沟通机制。拓宽公众参与生态保护的渠道，建立公众与政府信息互动工作机制。

建立重大决策听证评议制度。组建贵州省资源环境专家咨询委员会对涉及资源利用的政府决策进行预咨询、预评估和预论证。建立健全公众参与重大行政决策的规则和程序。建立完善政府决策问责制度，推进决策科学化、民主化。

建立公众参与环境监督制度。加快完善环境影响评价、环境公益诉讼制度。充分利用多种形式吸收考虑公众意见，搭建公众参与生态建设的平台，加强社会意见的影响。依法治理，形成政府规制、

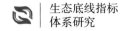

市场调节和社会共管的环境综合保护机制。建立企业污染物排放状况档案，并定期向社会公布，形成社会监督机制。

完善环保社会团体的建立机制。成立环保基金，培育扶持一批环保 NGO 典型。完善登记管理体制，逐步推广直接登记制度，全面落实社区社会组织登记和备案双轨制。对环保 NGO 的发展实行税收优惠或财政补助等措施。对积极参与 NGO 发展、为 NGO 组织提供资金的企业或个人进行表彰，引导人民群众投身环保事业。

（五）探索生态环境司法保护机制

贵州省在生态文明建设上从顶层设计着手，出台多项制度。实行了最严格的生态环境保护制度，提供更多优质生态产品以满足人民日益增长的对良好生态环境的需要，生态文明建设取得了丰硕成果。

从 2009 年开始，贵州省便推动生态文明制度建设，为生态文明、绿色经济保驾护航。2009 年，《贵阳市促进生态文明建设条例》出台，这是国内首部促进生态文明建设的地方性法规。2011 年 10 月，《贵州省赤水河流域保护条例》出台。该条例不仅为赤水河的治理提供了法律保障，更为贵州生态文明立法提供了经验。赤水河也因此成为贵州省生态文明建设改革之先"河"。2014 年 7 月，《贵州省生态文明建设促进条例》实施。作为贵州省生态文明建设的基本法，该条例在诸多方面体现了开创性和地方性：确立了政府、企业、公众在生态文明建设方面的基本权利和义务；突出了加强生态建设、调整产业结构、发展循环经济的思路；强调了生态保护红线、生态补偿、环境信用、环境污染第三方治理等制度。这些内容，国家都没有专门的立法规定，贵州的大胆探索，为国家制定生态文明建设基本法律提供了借鉴。同年 6 月，国家发展和改革委员会等六部门批复《贵州省生态文明先行示范区建设实施方案》，标志着贵州在生态文明建设方面已先行一步。

与此同时，已经连续举办了 4 年的生态文明贵阳会议升格成为生态文明贵阳国际论坛，成为我国唯一以生态文明为主题的国家级国际性论坛。但贵州省没有骄傲，在生态文明制度建设上的步伐并未停止，每年都会制定出多个与生态文明建设有关的地方性法规。2015 年 1 月，贵州省率先在全国出台省级生态文明建设促进条例，推动生态文明先行示范区建设，着力构建具有贵州特色的生态文明建设法规体系；4 月，贵州省率先在全国出台《贵州省林业生态红线保护党政领导干部问责暂行办法》，规定了在林业生态红线保护工作中党政领导干部的责任，将问责、惩戒失职渎职的领导干部；当月，贵州省还正式发布并施行《贵州省生态环境损害党政领导干部问责暂行办法》，该办法成为贵州省干部任用的重要依据。2016 年 9 月，《贵州省大气污染防治条例》开始施行，又一部"长牙齿"的地方法规开启"护航"贵州生态文明建设之旅；9 月，我国首个地方党委、政府及相关职能部门生态环境保护责任清单，即《贵州省各级党委、政府及相关职能部门生态环境保护责任划分规定（试行）》出台。为了发动全民的力量，形成生态文明共享共建的良好氛围，贵州省还设立了"贵州生态日"，将"生态日"作为生态文明建设的创新载体，对相关地方加强生态文明宣传教育、提高全民生态文明意识、形成生态文明新风尚发挥着重要推动作用。同时，《生态环境损害赔偿制度改革试点方案》出台，贵州省在全国 7 个试点省份中率先启动该项试点工作，探索法制化手段，着力破解生态环境损害中"企业污染、群众受害、政府埋单"的难题。此外，贵州省还率先在全国设置环保法庭并成立省级层面上公检法配套的生态环境保护执法司法专门机构；率先在全国开展第一例由检察机关起诉行政执法机关的环境保护行政公益诉讼……引起了社会各界的高度关注和强烈反响。在立法有保障和完备制度的有力驱动下，贵州绿水青山的底色更加鲜亮。在经济社会后发赶超的同时，贵州完善生态文明机制的脚步更加扎实。①

第二节　存在的不足

目前，贵州主要面临三方面的考验：一是处理生态和发展的关系面临考验。贵州既面临加快发展的重任，又面临资源约束趋紧的压力，如何深入持久做好绿水青山就是金山银山这篇大文章，促进百姓富与生态美有机统一，对贵州所有干部都是一场大考。二是生态环境保护治理面临考验。贵州生态环境比较脆弱，一旦遭到破坏很难修复和恢复，并且环境治理和生态修复投入成本高、难度大，如何创新思路、理念、路径和办法，切实做到"去存量、控增量"，实现生态环保的绿色平衡，是我们必须深层着力、久久为功予以回答的重大命题。三是生态文明体制改革纵深推进面临考验。贵州国家生态文明试验区建设总体推进顺利，形成了一批可复制、可推广

---

① 《生态文明建设的"贵州经验"》，《贵州政协报》，http://www.gzzxb.org.cn/doc/detail/d_1299441285859552。

的经验，但必须清醒地看到，也存在八项改革创新试验推进不平衡、不同地区不同地域单元推进不平衡、整体性协同性还不够强、"碎片化"等问题，特别是随着改革向纵深推进，涉及越来越多的利益调整，如何破障闯关，还需要按照既定改革方案坚定不移地深入做、创新做、扎实做。①

2014 年，北京国际城市发展研究院和贵州大学贵阳创新驱动发展战略研究院研究编制出版了《中国生态文明发展报告》②。该报告研究制定了中国生态文明发展评价指标体系。评价指标体系对"生态经济建设、生态环境建设、生态文化建设、生态社会建设和生态制度建设"5 个核心领域进行考察，具体落实为 22 个三级指标。根据中国生态文明评价指标体系和数学模型，该报告对我国 31 个省区市进行了评价分析。从 31 个省区市生态文明发展指数综合排名来看，贵州排名在第 18 位，③ 处在第三梯队的前列。④ 5 个核心领域指数得分排名情况是：在生态经济建设方面，贵州排名为第 26 位，处于全国末位行列；在生态环境建设方面，贵州排名为第 24 位，同样处于全国末位行列；在生态文化建设方面，贵州排名为第 17 位，处于全国中游偏下位置；在生态社会建设方面，贵州排名为第 30 位，仅高于新疆，排名倒数第二；在生态制度建设方面，贵州排名为全

---

① 《以习近平生态文明思想为指引 与时俱进加快国家生态文明试验区建设》，《贵州日报》，http://szb.gzrbs.com.cn/gzrb/gzrb/rb/20180706/Articel04002JQ.htm。

② 连玉明主编《中国生态文明发展报告》，当代中国出版社，2014。

③ 连玉明主编《中国生态文明发展报告》，当代中国出版社，2014。

④ 第一梯队为：北京、江苏、上海、浙江、海南、天津、重庆；第二梯队为：广东、山东、安徽、福建、陕西、辽宁、湖北、云南、河南；第三梯队为：江西、贵州、四川、湖南、内蒙古、山西、河北、西藏、广西、宁夏；第四梯队为：青海、黑龙江、吉林、新疆、甘肃。

国第 1 位，处于全国先进行列。① 从分析数据不难看出，贵州在生态
文明制度建设方面处于全国领先水平，生态文化建设方面居于全国
的中游偏下水平，而在"生态环境建设"、"生态社会建设"和"生
态经济建设"方面则与全国生态文明建设的平均水平还有较大的差
距。而生态文明先行示范区的建设则是要实现生态制度建设、生态
环境建设、生态经济建设、生态文化建设、生态社会建设等 5 个方
面的全面均衡发展。作为全国层面上的先行示范区建设，意味着贵
州在未来若干年内，要在生态经济建设、生态环境建设和生态社会
建设等 3 个核心领域实现超常建设和发展，力争在生态环境建设和
生态社会建设实现度指标上进入全国前 10 名，在生态经济建设实现
度指标上进入全国前 15 名。只有达到这样的目标，才能够真正体现
"全国生态文明先行示范区"的内涵。

一 生态经济发展内生动力不足，未形成支撑生态文明发展的产业体系

1. 产业结构总体呈低度化特征，转型升级压力大

贵州省第一、二、三产业增加值占地区生产总值的比重由 1978
年的 41.6%、40.2%、18.2% 变化为 2013 年的 12.9%、40.5%、
46.6%，产业排序由"一二三"变化为"三二一"，产业结构逐步
优化（见图 3 - 1）。2017 年，贵州全省地区生产总值 13540.83 亿元，
比上年增长 10.2%。其中：第一产业增加值 2020.78 亿元，增长
6.7%；第二产业增加值 5439.63 亿元，增长 10.1%；第三产业增加

---

① 连玉明主编《中国生态文明发展报告》，当代中国出版社，2014。

值 6080.42 亿元，增长 11.5%。①但是与全国平均水平和发达地区相比，发展相对缓慢。从三次产业构成的分析可以看出贵州省产业结构仍然呈现低度化的特征。

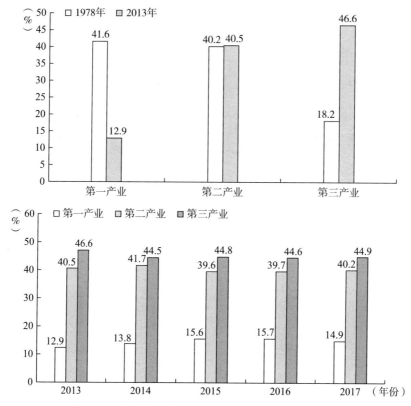

图 3－1　贵州省三次产业增加值占地区生产总值比重

资料来源：历年《贵州统计年鉴》。

2. 第二产业以资源型产业为主，且效率较低，结构不合理

（1）工业经济总量小，发展速度慢。贵州省工业发展基础差、底子薄、起点低、总量小，自我发展能力资本积累严重不足，工业增加

---

① 《2017 年贵州省国民经济和社会发展统计公报》，中国统计信息网，http://www.tjcn.org/tjgb/24gz/35480.html。

值在全国排位靠后，并且与东部及其他省份差距仍在扩大（见图3-2）。

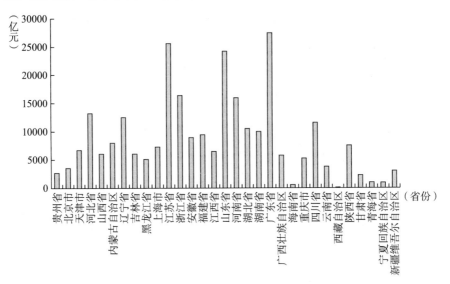

图3-2　2017年全国31个省份工业增加值比较

资料来源：《中国统计年鉴（2018）》。

（2）工业结构性矛盾突出，产业链短、产业幅窄。贵州现有的优势产业为资源密集型产业。第二产业内部能矿产业比重比较大，加工工业、制造业比重较小（见表3-1）。而且矿产资源利用方式粗放，产业链偏低端，技术落后，产业整合不足。这种单一的资源密集型主导产业和初级加工方式极大地限制了产业链拓展，影响了主体协同效应，产品附加值有待发掘。传统优势加工产业（烟、酒、茶、药等行业）现状规模偏小、投资不足、产业组织低效。

表3-1　2016年贵州省第二产业主导类型及其总产值

单位：亿元，%

现状主导类型	行业	总产值	比重
能矿产业	采矿业	900	18.99
	电力供应	1000	21.10

续表

现状主导类型	行业	总产值	比重
资源深加工	化工产业	478	10.08
	有色金属	220	4.64
	黑色金属	390	8.23
	建材工业	150	3.16
农特加工	烟	220	4.64
	饮料加工	200	4.22
	中医药	160	3.38
	食品加工	120	2.53
现代制造业	装备制造业	322	6.79
	新兴产业	320	6.75
其他制造业	纺织服装	10	0.21
	木材家具	27	0.57
	造纸印刷	36	0.76
	橡胶塑料	90	1.90
	金属制品	55	1.16
	电器设备	42	0.89

资料来源:《贵州统计年鉴(2017)》。

(3)工业技术投资不足,技术创新能力弱,工业整体技术装备水平不高。贵州工业技术起点低,生态技术投入特别是研发投入有限,生态环保设备制造缺乏成套化、标准化、自动化和电子化的技术支撑,制约了贵州工业化与生态文明协调发展。根据《贵州统计年鉴》,2012 年贵州研发经费为 41.7 亿元,占 GDP 比重为 0.61%,仅为全国平均水平的 30.8%。2012~2017 年贵州省研发费用投入虽有大幅增加,2016 年贵州投入 73.4 亿元研发经费,与 2012 年相比增长 76%,但研发经费投入占 GDP 比重为 0.63%,比 2012 年仅提高 0.02 个百分点。技术装备和技术革新在能源利用效率、清洁技术方面整体水平不高。

（4）资源型产业大企业大集团少。贵州省的资源型产业以小型企业为主，大型龙头企业数量较少，产品结构单一、产业集中度低。根据 2009 年的数据，在贵州 13 种矿产开发企业中，小型企业比重高达 95.47%，而大中型企业仅占 4.53%。

3. 战略性新兴产业总体规模较小、发展滞后

（1）企业主体创新能力不强、产业发展滞后。①企业规模小，运行成本及风险大，微观主体力量不足。目前，航空航天设备制造、电气机械、电子、仪器仪表等行业企业数合计占比仅为 4.4%。航空航天设备制造、电气机械、电子、仪器仪表等行业的户均主营业务收入、户均利税总额、户均利润等明显低于全省规模以上工业企业平均水平。②缺乏核心技术，产品附加值低，市场竞争力低下。包括以国有企业、民营企业为主的企业主体创新动力不足，实力亟须增强。有大量的企业没有自身的技术积累，靠技术引进为主，无法成套生产具有自主知识产权的高新技术产品，甚至还有一大批企业只能从事简单的加工和组装工作，处于产业链底层，这些企业缺乏创造力与创新力，无法成为引领行业的龙头企业。③产业链条不完整，结构混乱。由于缺乏核心技术等原因，没有形成完整的产业链条，造成产业结构混乱，没有形成合理的产业体系。④产业布局分散，产业关联度和集中度低。战略性新兴产业发展中由于建设规划、运行机制体制、保障措施不够健全，产业在进行规划时存在"各自为政""盲目建设"等现象，未形成系统完整的产业链与产业集群，无法做大做强，规模扩大受到严重制约，无法进行高附加值的高新技术产品的开发与生产。

（2）市场开发不足，未形成良好的产业发展环境。①科研优势未转化为产业优势，潜力市场未得到有效拓展。由于尚未形成完整的技术成果发现、评估、筛选、转移机制，科技成果转化率不高，没能形成研产需的良性市场开发循环机制。②缺乏全社会范围内的产品需求意识。市场需求萎缩，市场空间缩小。

（3）政府机制体制不尽完善。未形成完善的政策引导、激励、保障体系。投入机制有待创新，风险投资和担保机制不完善。金融优势对于创新创业发展的支撑作用尚待加强。增加研发投入所需的资金来源渠道单一、狭窄，没有形成完善的资金链整合。部分领域管理体制改革滞后，不能满足战略性新兴产业发展的需要，支持新技术新产品准入政策规定不健全；人才激励机制亟须完善，战略性新兴产业高端人才引进和培育的力度需进一步加大。

4. 农业生产方式粗放，先进技术应用率低，现代农业所占比重过小

（1）贫困人口众多，素质低，增收压力大，推广生态农业的积极性不高。①贵州是贫困问题最突出的省份，处于全国的"经济洼地"。近几年，随着"大扶贫"战略深入推进和"1＋10"精准扶贫配套文件深入落实，全省贫困人口有了较大幅度的减少，但由于贫困人口基数大，人多地少，经济基础薄弱，进一步推进脱贫攻坚建设难度也不断加大。②农业优质人力资源短缺。农村劳动力大量外流，留守农民普遍年龄偏大，文化素质较低，缺乏经验、技术及相关管理理念，制约现代农业发展。

（2）农业基础条件差、产业结构不合理、产业化水平不高。①受特殊生态环境制约，贵州省可耕地总量有限且耕地质量总体较差。目前全省耕地总量为455万公顷，占农业用地的30.74％，占全省土地面积1760.99万公顷的25.84％，占全国耕地总面积的3.7％。中低产田占82％，坡度在6度以下，集中连片、面积1万亩以上的耕地大坝仅 47 个，面积仅占耕地的 2.05%。农田地块形态比较破碎、坡耕地面积大、耕地中田少土多，且受水资源分布不均及其他因素限制。一些耕地还存在土壤污染，如主要城市周边、部分交通主干道以及江河沿岸耕地的重金属与有机污染物超标等。[1] ②农业产业结构不合理，粮食生产比重大，特色产业优势未充分发挥。第一产业内部农、林、牧、渔构成中，农业所占比重大（60%），且以种植业为主，经济作物比重低。③农民组织化程度低，物流不发达，产业化水平不高。农业小规模分散经营与大市场集约化产生矛盾。缺少功能齐全、设施先进、辐射能力强的批发市场和大型农产品流通企业、现代物流中心，致使农产品物流成本高，农业集约化程度低，削弱了农产品的市场竞争力。

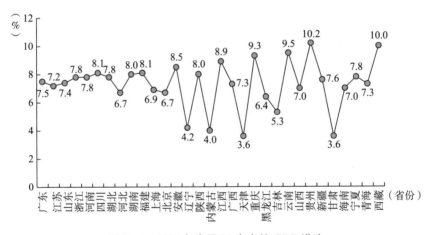

图 3-3　2017 年全国 31 个省份 GDP 增速

资料来源：《中国统计年鉴（2018）》。

（3）科技创新不足、技术转化能力低。农业生产方式粗放，先进

---

① 《贵州：创建生态文明建设体制机制 加快创建全国生态文明先行区》，《贵州日报》2013年 12 月 11 日。

技术应用率较低，现代农业所占比重过小。一是科技创新不足。农技人员素质不高、人才梯队不完善、科技创新机制不灵活。二是科技转化为农业现实生产力能力不足。贵州省农业科技对农业增长的贡献率在50%左右，低于我国发达地区10个百分点，更未达到发达国家水平（75%以上）。

（4）农业资金短缺、农村资金不断流出。农业生产投入不足。由于长期处于贫困状态，地方财力和农民自身都缺乏自我投入建设的能力，其进一步发展也受制于不完善的农村金融服务体系。同时，农村资金也由于农业生产效益低下及市场落后而流向城市。

（5）管理落后、相关政策法规不完善。一是发展路径不清晰、管理松散。二是缺乏与支持生态农业相关的资源、环境法规及政策，生态农业的技术规范和生产标准还有待与国际接轨。

5. 现代服务业还处于起步阶段，产业层次低

（1）现代服务业发展总量不足，对国民生产总值的贡献率与拉动率不高。贵州经济整体落后，造成生产性服务业总体有效需求和对知识密集型生产性服务业有效需求不足，制约了生产性服务业整体发展和转型升级。贵州省2013年服务业增加值占GDP比重为46.6%，人均服务业增加值为10663元，只有全国平均水平的55.33%，服务业发展基础仍显薄弱。

（2）现代服务业内部结构不合理。从服务业内部结构来看，贵州服务业结构层次低，传统服务业占比依然较高，生产性服务业增长乏力。从就业结构与增加值结构来判断，位居前列的仍然以传统服务业为主，而金融、保险、通信等现代服务业所占比重小，产业发展缓慢。旅游资源利用层次不高、设施不足，优质资源开发利用

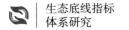
低效，旅游资源的国际价值远未充分发挥。

（3）现代服务业开放程度低，竞争力弱。现代服务业中市场准入受到的限制多，政府垄断经营现象严重。新的发展观念并未真正用于认识服务业发展规律、路径和手段。生产要素的市场定价机制和途径尚未真正形成，现代服务业市场发育不足，资源优化配置不够，中小企业发展不充分，阻碍了服务业的进一步发展壮大。现代服务业发展的软硬件条件尚需优化和规范。

（4）现代服务业地区发展不平衡。贵州省现代服务业发展呈现东、中、西三大片区区域发展差异，表现在现代服务业发展总体水平、公共基础设施条件、现代服务业发展制度环境等几方面。中部地区不仅经济总量最大，服务业增加值也高。贵阳、遵义、六盘水三市服务业增加值总和占全省的54.3%，服务业增加值占GDP的比重分别为54.1%、44.3%和33.1%，且这一特征具有不断增强的趋势，区域发展极不平衡，与国民经济持续、健康、稳定、和谐发展的现实目标不相适应。

（5）就业比重偏低。从三次产业就业人员比重来看，虽然贵州省近几年以旅游业为代表的第三产业发展迅速，但第三产业从业人数占总就业人数的比重依旧不高，服务业的发展尚不成熟，无法吸纳更多的劳动力。

二 资源能源节约利用不足，未形成资源能源综合利用体系

1. 土地开发利用难度大，后备资源不足

耕地质量差，适宜耕种面积小。贵州省土地总面积1760.99万

公顷 (26414.85 万亩), 其中耕地面积 455.26 万公顷 (6828.90 万亩), 占土地总面积的 25.85%。人均耕地 0.1115 公顷 (1.67 亩), 略高于全国人均 0.101 公顷 (1.52 亩), 但耕地质量明显低于全国水平。全省耕地总体呈现坡耕地多、坝区耕地少、中低产耕地多、优质耕地少 "两多两少" 的特点。耕地中坡耕地和石漠化耕地比重大, 耕地质量差。5000 亩以上的集中连片耕地仅有 165 块 175 万亩 (其中万亩大坝 47 块 80 万亩), 占全省耕地的 2.56%。根据国家耕地质量 15 个自然等级标准, 贵州省没有 1~7 等级的上等、中上等级耕地, 8、9 等级耕地 652 万亩。除此之外, 耕地被城市建设占用现象较为严重。

土地利用结构不尽合理, 利用效率低。贵州省土地利用结构中建设用地面积小 (占全省土地总面积的 3.6%)、布局分散、地均生产总值低。2013 年贵州省地均生产总值为每平方公里 455 元, 仅相当于珠三角平均水平的 4%、长三角平均水平的 8.8%。

土地开发利用难度大, 后备资源不足。贵州山多坡陡, 喀斯特地貌覆盖面广, 土地开发利用难度大。加上经济落后, 交通基础设施建设滞后, 丰富的水能、矿产、旅游资源优势处于难开发、欠开发状态。

2. 水资源综合利用水平低

水资源使用尚显粗放, 节水潜力较大。农业灌溉方式传统, 水量损失大, 微喷灌、薄露灌溉方式有待推广。工业用水重复使用率低, 城市供水系统漏损率高。在水资源利用上整体粗放, 节约用水潜力较大。

水资源时空分布不均, 调蓄能力不足。全省水资源时空分布不均，同时受到人口分布、经济布局与水资源条件影响，出现"资源型""水质型""工程型"供水紧张现象，且蓄水工程建设和跨流域、跨区域的引调水工程等的调蓄能力不足。

水资源管理还要加强，改革力度仍需加大。在现行的水资源管理体制下，各地区往往从局部利益出发，过度利用区内水资源，导致上下游、地区间、部门间在水资源开发利用方面存在诸多矛盾。未形成"水资源价格－水资源使用效率－地区或行业效益三挂钩"机制。水资源配置的市场机制尚未完善，分级分类供水水价机制亟待建立。

3. 资源依赖型粗放式发展方式导致能源消耗大，节能减排绩效低

资源约束矛盾逐渐凸显，生态和环境压力增大。贵州资源型产业的工业产品以原材料和初级加工产品为主，经济效益较低，能源消耗量巨大，对生态环境造成污染（例如磷化工产业所产生的环境污染）。近年来，政府推进发展方式转型，能源消费强度逐年递减。据统计，2017 年，贵州省能源消耗总量为 10482.3 万吨标准煤，同比增加 255.3 万吨标准煤，增长 2.5%；万元生产总值能耗降至 0.8164 吨标准煤，同比下降 7%。[①] 但同全国平均水平相比，万元生产总值能源消耗仍然保持量高、强度大的状态（见图 3－4）。

---

① 《省政府办公厅通报各市州政府 2017 年度能源消耗和强度"双控"目标责任评价考核结果》，贵州省人民政府网，http://www.gzgov.gov.cn/xwdt/djfb/201807/t20180703_1397911.html。

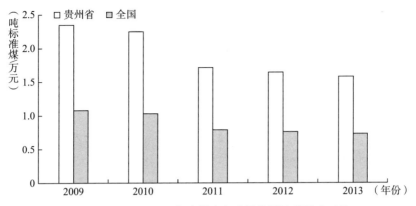

图 3 - 4　2009 ~ 2013 年贵州省与全国能源消费强度对比

注：2009 ~ 2010 年 GDP 按 2005 年可比价计算，2011 ~ 2013 年 GDP 按 2010 年可比价计算。

资料来源：历年《中国统计年鉴》《贵州统计年鉴》。

三　生态建设与环境保护不足，生态资源本底脆弱

尽管资源丰富，贵州省生态资源本底却极为脆弱。占全省面积 61.9% 的喀斯特地貌使得其生态系统的环境承载力较低，并且具有"易破坏，难恢复"的特点。近几十年，随着贵州省的城镇化和经济快速发展，在政府环保制度相对欠缺、环保措施相对滞后、生态环境的产权制度不明确的情况下，贵州省的生态环境问题日趋严峻，其生态脆弱性具体体现在以下几方面。

1. 森林生态系统与社会经济发展不适应

森林总量不足、分布不均、质量不高，生态承载力与经济社会发展的需求不相适应，林业产业发展长期滞后，对地方经济和农民增收的贡献率较低。林业投入不足，林业基础设施薄弱。由于贵州省地方财力有限，林业建设长期依赖于中央投入，省级投入严重不

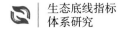
足，地县配套多数不能落实。制约林业发展的体制机制性障碍尚未根本消除。贵州省林业总体上还处于计划经济向市场经济的转型期，体制不顺、机制不活依旧严重制约着林业发展，与林业发展息息相关的各项体制机制尚未完全建立，无法适应社会主义市场经济体制的要求。

2. 石漠化程度深，水土流失严重

（1）贵州省是全国石漠化面积最大、等级最齐、程度最深、危害最重的省份。石漠化敏感性地区比例居周边省份之首，石漠化地区占全省的20%。区域内部土壤贫瘠、地表组成疏松，加之受到人类活动的影响大，导致农牧交错区草地退化、沙化和盐碱化。贵州岩溶分布面积比重和石漠化面积比重均处于全国各省区之首。根据《贵州省石漠化状况公报》，2011年贵州全省石漠化面积302.38万公顷，占全省土地面积的17.17%，岩溶出露面积占全省总面积的61.92%。在石漠化分布区，轻度石漠化面积106.49万公顷，中度石漠化面积153.41万公顷，重度石漠化面积37.50万公顷，极重度石漠化面积4.97万公顷。

（2）水土流失严重。贵州是一个以喀斯特生态环境为主的生态脆弱区，生态系统的承载能力较弱，薄弱的土壤层容易受到外界因素干扰而导致流失。贵州境内山峰高耸，坡度较大，且频降暴雨，同时人口密度大，民众环保意识薄弱，垦殖率较高，导致水土流失非常严重，治理难度又极高，环境的脆弱性使得群众生活贫困，因此贵州是迫切需要水土保持与生态建设的地区。根据2010年全省第三次水土流失遥感调查结果，全省水土流失面积占总面积30%多，形势依然严峻。

3. 湿地资源萎缩，生态功能减退

（1）不合理开发时有发生，湿地资源不断萎缩。贵州近年来快速城镇化、工业化进程引发了突出的土地供需矛盾，出现了建设用地持续上升、湿地面积逐年减少的现象。目前全省湿地面积为20.97万公顷，湿地率为1.19%，比全国湿地率5.58%低4.39个百分点。其中自然湿地面积15.16万公顷，占湿地总面积的72.29%；人工湿地5.81万公顷，占湿地总面积的27.71%。

（2）湿地超容量纳污，生态功能整体下降。贵州省地表水环境质量总体良好，但也存在不少问题。无计划过量利用水资源以及饮用水水源地森林过度采伐，加剧湿地污染、减少湿地面积，使湿地景观丧失、湿地资源受损、生物多样性衰退，最终导致湿地生态功能整体下降。

（3）湿地生物资源过度利用，湿地生态功能减退。河流上游水源涵养区的森林遭到过度砍伐，水土流失加剧，造成河流泥沙含量增多，流域内水库淤积，湿地面积和蓄水能力不断缩小，功能逐渐衰退。

（4）湿地保护管理体制不健全。湿地保护经费投入严重不足、湿地保护法规建设滞后、湿地保护与合理利用的科技水平不高、公众保护湿地的意识不强。湿地保护重大事项协调、鼓励社会力量参与湿地公益保护、湿地生态补偿、湿地保护管理评估等长效机制还没有建立和完善。各地湿地管理机构还不健全，管理技术人才缺乏，保护经费投入严重不足，湿地科技支撑滞后。

4. 草地生态系统服务功能下降，经济效益低

（1）草地退化，系统服务功能下降。长期的自然灾害与人类活

动导致全省草地不同程度的退化，表现为草地植被群落出现逆向演替、毒杂草数量不断增加、土壤有机质下降、鼠虫害加重、草地生物多样性受到威胁，草地生态系统服务功能大大降低。一些草场（如龙里草场）退化率已达 80% 以上。

（2）利用不合理，草地生态系统经济效益低。草地不合理利用现象表现为局部利用过度、全局利用不足。天然草山坡地是贵州主要的草地类型，分布松散，大多在林地、农地、山岭、河谷间，总面积达 428.67 万 hm²，其中成片草地总面积 203.86 万 hm²，占草地面积的 47.56%。[①] 然而，由于利用方式的不合理以及牲畜分布与草地分布不一致，因此在人口密集、牲畜密度大、垦殖指数较高的地区出现畜多草少，而在其他人口疏散、垦殖指数低的地区则出现草地载畜量严重不足的现象，较大程度地降低了草地生态系统的经济效益。

5. 生物多样性下降趋势持续，管护水平有待加强

（1）生物多样性下降趋势未得到根本遏制。贵州近年来在城市化快速发展、资源过度利用的背景下，森林植被被破坏，局地生态功能退化，陆生野生动植物栖息地分布破碎化程度加剧，生物物种资源流失严重的形势没有得到根本改变。水体污染直接影响水生和河岸生物多样性及物种栖息地。陆域野生动物与水生动物种群普遍偏小且分布较为孤立，基因交流较少，遗传多样性未得到有效保护。

（2）居民经济发展与生物多样性保护之间产生矛盾。贵州省生物多样性保护目前以建立自然保护区方式就地保护为主。就地保护一刀切的硬性规制式保护方式与贵州广泛存在的贫困现象之间产生了矛盾

---

① 《习近平：希望贵州加强与瑞士生态文明建设交流合作》，《贵州日报》2013 年 7 月 21 日。

冲突，居民在保护过程中不能获得相应的有效生态补偿，其生产生活发展的诉求与国家生态保护诉求之间产生尖锐的矛盾，其结果是对野生动植物资源进行过度乃至掠夺式开发，保护地实际保护效率低。

（3）外来物种入侵对生物多样性构成威胁。紫茎泽兰等入侵植物在本省范围内的分布面积还在扩大，外来入侵物种对本地生物多样性构成严重威胁。

生物多样性管护水平有待进一步加强。生物多样性保护法律和政策体系尚不完善，生物多样性监测和预警体系尚未建立，生物多样性保护政策与管理机制体系尚待进一步完善，全省范围的生物多样性监测和预警体系尚未建立，生物物种资源分布仍需继续调查排摸。生物多样性管护的体制机制不完善，未形成全社会生物多样性共管共护的局面。

6. 污染防治力度还需加强

（1）主要河流、地表水水质基本保持稳定，河流水质总体良好，但城市及工业区的江段和内河污染依然存在。总体来看，河流水质较为良好，达到Ⅲ类水质类别标准的河流监测断面的比例达 83.6%，14 个出境断面水质达标率为 92.8%。工业废水和生活污水排放、农业面源污染、城镇化进程造成河道上下游交叉污染，削弱河道水体自净能力，使部分河段水质不能满足水体功能要求。特别是乌江水体水质综合评价为中度污染，主要污染指标为总磷、氨氮、化学需氧量。

（2）酸雨污染状况未得到有效遏制。全省开展酸雨监测的 11 个城市年均降水 pH 值范围在 5.80 ~ 7.80。其中，都匀市、凯里市、仁怀市、兴义市和贵阳市 5 个城市不同程度出现过酸雨。贵阳市、遵义市、仁怀市、赤水市、安顺市、凯里市、都匀市和兴义市 8 个酸雨控制区城市年均降水 pH 值范围在 5.80~7.06。其中，都匀市和凯里市出现酸雨频率超过 10%，存在一定程度的酸雨污染。[1]

（3）固体污染成为导致河流污染的主要因素。贵州省全省年均工业固体废物产生量 7835 万吨，综合利用量 4839 万吨（其中利用往年量 20 万吨），贮存量 938 万吨，处置量 2067 万吨（其中处置往年量 3 万吨）。目前，全省工业固体废物"产多用少"，对生态环境形成了严重的威胁，贵州省工业渣场、尾矿库渗漏已成为全省河流污染的主要环境问题。[2]

（4）大气污染防治工作还需加强。近几年，贵州省全省可吸入颗粒物年均浓度值平均水平虽呈下降趋势，但仍不稳定。例如，2013 年全省可吸入颗粒物年均浓度值平均水平为 0.078 毫克/米³，比 2012 年上升 0.010 毫克/米³，意味着贵州省大气污染防治工作仍需进一步加强。[3]

（5）农村的面源污染逐年升高。对化肥与农药的长期依赖所造成的农业面源污染成为耕地质量退化和农村环境恶化的主要因素。

四 生态文化培育落后，未形成完整体系

1. 生态文化研究滞后

传统生态文化挖掘及其现代价值拓展不足。贵州地处西南古代

[1] 李萌：《突出三大导向，深化生态文明体制改革》，《环境经济》2018 年第 Z2 期。
[2] 李萌：《突出三大导向，深化生态文明体制改革》，《环境经济》2018 年第 Z2 期。
[3] 李萌：《突出三大导向，深化生态文明体制改革》，《环境经济》2018 年第 Z2 期。

百越族系、氐羌族系、百濮族系和苗瑶族系等族系族际分布的交会处，其特殊的文化区位条件奠定了贵州多元民族、多元文化并存的基础。各民族在数千年的发展过程中积淀了多种多样的乡土知识，创造并保护了各具特色的民族生态环境。然而，上述传统原生态智慧与文化，包括民歌民谣、地方风物传说、人类起源神话、民间信仰、生活生产习俗和历史故事等并未得到系统深入的研究。地方性生态知识及生态智慧尚未与生态文明建设的现代化理论有效整合。

现代生态文化研究理论体系不完善。一是生态文化研究理论创新不足，对传统文化中的生态文化理论与思想发掘不足，对马克思主义理论中有关生态文明、生态文化的论述阐释不足，对现实中遇到的问题理论解答不足。二是生态文化理论的研究队伍比较零散，力量比较薄弱，与其他省份相比，贵州省的生态文化理论研究队伍还呈自发状态，没有整合为一个整体。

2. 生态文明教育传播体系有待完善

生态文明教育体系有待完善。在培育绿色文化方面，举办生态文明贵阳国际论坛，深化同国际社会在生态环境保护、应对气候变化等领域的交流合作。将每年 6 月 18 日确定为"贵州生态日"，举办了"保护母亲河　河长大巡河"和"巡山、巡城"等系列活动。把生态文明教育纳入国民教育体系，编制了大中小学、党政领导干部生态文明读本。生态文明建设相关博士、硕士授权点达 20 个。全面开展生态文明创建活动，累计创建国家级生态示范区 11 个、生态县 2 个、生态乡镇 56 个、生态村 14 个，省级生态县 7 个、生态乡镇

374 个、生态村 515 个。建成绿色自行车道 1470 公里。[①] 但尚未形成完整的学院教育、社会公益教育、企业教育、社区教育体系。生态文明教育的针对性有所欠缺，生态文明教育的生活化有所欠缺。生态文化教育内容较为空泛，降低了生态文化教育的亲和性，欠缺对生活中生态知识的传播，制约了公众对于生态知识的了解与实践。

生态文明宣传途径有待进一步改进和扩展。生态文化教育还未普及到日常生产生活中，且宣传方式上还存在一定的问题，没有考虑公众的意愿。目前的宣传主要包括单向性的实地教育、宣传教育、展馆综合教育等方面，缺乏更具参与性的宣传方式。

3. 生态文化载体投入与建设不足

用于生态文化建设的投入还比较薄弱。传统生态文化载体挖掘和保护不力，大量包含生态文明内涵的传统物质文化遗存没有得到有效保护与利用。生态文化知识宣传的基础设施建设滞后，需要进一步新增扩建生态文化科普教育基地、生态文化博物馆、生态民族文化保护园等。生态文化知识传播载体如生态文化知识专业性资料、普及性读物等出版物量少、质低，需要进一步发展。

4. 生态文化产业发展缓慢，发展理念有待明确

贵州省的文化产业建设处于起步阶段，存在生态文化产业起点低、规模小、结构单一、产品市场竞争力不强等问题，大多数生态文化企业目前还停留在对文化产品进行外加工，对文化价值的深入开发挖掘不够。生态文化产业建设投入不足。一些地方领导还未充

---

① 《贵州晒生态文明建设成绩单》，新华网，http://m. xinhuanet.com/gz/2018－07/02/c_1123066036. htm。

分认识到生态文化意识在提高全民素质中的引领作用，投入的时间和精力有限，财政支持乏力，从而制约生态文化产业建设向纵深发展。民族生态文化的生态旅游价值未能得到有效挖掘。

五 生态建设体制机制滞后，未形成完善的保障体系

1. 生态行政管理体制还需完善细化

在管理体制方面，尚未全面建立目标责任考核机制、监督机制、奖惩机制。缺乏生态安全保障的统领性法规。生态文明建设相关法规存在"碎片化"甚至相互抵消的情况。同时，生态文明建设相关法规刚性约束力相对较弱，在执行中自由裁量空间大，法规执行随意性强，处罚不力，执法不严。对于涉及生态文明建设的重大问题，部门间缺乏协调机制。以法律规制为主要手段，行政激励机制尚未建立。

2. 多元化投入机制和生态补偿机制尚未形成

环境保护的融资来源和方式相对单一，主要还是依靠银行贷款、土地受益和财政收入盈余来应对环境问题。利用外部环保基金、吸收民间资本和运用绿色证券、绿色信托等市场化融资工具尚未有实质性进展。

运用经济手段解决环境问题是主要做法，包括财政税收、生态补偿机制、排污权的市场交易等。其中，财政手段主要包括财政支出、投资、补贴以及政府采购等，从提供环境公共物品的角度来改善环境质量。但相关税种的制定并不从环保出发，因此，财税手段在环境保护领域发挥的作用是十分不足的。

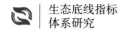
生态补偿机制中还未给予代内和代际补偿机制明确的法律定位和法理依据。排污权交易和生态补偿机制这两种手段在贵州省现在都处于起步阶段。

3. 公众参与广度与深度有待提高

环境信息公开制度不完善，表现为：环境信息公开的权利义务主体界定不完全，公众参与机制不完善，企业环境信息与产品环境信息公开不充分，环境检测与监测立法有疏漏，环境知情权与公众参与制度衔接不紧密，责任机制和救济机制缺失。环境立法的公众参与未得到法律切实保障，公众参与环境立法缺乏程序性规定。环境行政参与制度立法缺乏系统性、可操作性、激励性、保障性。公众环保意识较低，参与环境管理的深度浅，基本上还停留在对环境污染、生态破坏做出反应的被动阶段，属事后参与。

第四章

国内外生态保护评估与
考核的相关研究与实践

第一节　国外生态环境绩效评估和考核实践

一　日本：面向环境保全成本和环境效率二维企业环保绩效评价体系

1992 年，日本通商产业省开始公布以《环境行动计划》为名的环境保护行动计划，成为企业环境绩效评估的开端。2000 年，日本环境省颁布《环境会计指南》，并先后两次进行修订，其中专门性地阐述了对于企业环境影响效果的评价，并明确了数据指标以评估企业环境保全成本效果，指标从实物与货币两个角度来进行评价。世界可持续发展工商业联合会（WBCSD）提出了生态效率指标后，许多日本企业都利用行业特点，综合评价了自身企业的经济效果与环境成本，以实现行之有效的环境成本控制，并在此过程中许多企业都逐渐提出了各具特色的环境效率指标。环境效率评价指标的重要性在于强调了经济与环境效益的同步增长，包括资源有效利用率、绿色产品销售比例、污染控制效率等。两项指标相辅相成、互为补充，从经济盈余的角度，衡量企业的经济效益与环境效益，同时强调了经济效益与环境效益同步增长的重要性。

日本境内环境会计十分普及，这也使得日本企业的环境绩效评估取得了一定的成绩。环境会计的职能包括：从环境保全成本的效果评价和环境效率评价两方面入手，帮助企业确定环境影响较大因素的量化值；指明在企业日常经营中的环境管理重点与可能潜在的危险；全面记录企业进行与环境相关活动的成本收益；为企业提供不同部门间绩效比较的结果；为企业内的不同主体提供驱动机制，并制定相关标准以评价投资效果。根据环境会计提供的信息，企业能够及时发现经营过程中与环境相关的问题并快速调整，降低环境风险，改善企业形象，实现经济效益、环境效益、社会效益的同步提升。

二 大湄公河次区域（GMA）：以提升环境管理能力为核心的区域环保绩效评估体系

2003 年 8 月，大湄公河次区域（GMA）国家环境行为评估暨战略环境框架（SEF II）项目在马尼拉启动研讨会上得到认可，并于同年开始实施。该项目构建了衡量提升环境管理能力和实现可持续发展的区域环保绩效评估体系，在开展绩效评估过程中，首先以 P－S－R 模型为依据选取指标。在具体指标遴选上：以受关注程度最高的环境问题、各国都普遍存在的指标为核心指标；以能够评估相关国家或地区特殊且重要的环境问题与变化趋势的指标为关键指标；以核心指标与关键指标以外的补充性指标为一般指标。在相关指标建立后，本国就能根据指标描述已有的环境管理体制机制与法律体系，描述在环境管理领域的信息共享、技术能力、人力资源等各方面的水平。此外，还能对比现实状况与政策目标之间的不同，以反映有关问题与政策漏洞，最终提出改进意见。

GMA 五国一省运用 SEF Ⅱ 评估环境绩效，在这方面它们积累了非常丰富的经验，极大地提高了各国（省）发现环境问题、改善环境的能力。亚州开发银行于 2007 年 12 月启动了 SEF Ⅲ 项目，中国将该项目的评估区域扩大到了广西壮族自治区和云南省。SEF Ⅲ 是对 SEF Ⅱ 的改进，在基本延续 SEF Ⅱ 环境绩效评估模式的基础上，将 P－S－R 模型扩展为 D－P－S－I－R 模型。

三 欧洲：建立在充足可靠数据信息基础上的环境绩效评估

捷克于 1991 年 6 月召开了第一届欧洲环境部长级会议，编制欧洲环境评估报告的决定正是在这次会议上通过的，以评估环境政策并满足公众对环境的知情权。

会议认为要实现可持续发展，就必须拥有充足且可靠的环境信息。因此评估人员在参考联合国（UN）、欧洲统计局（EU）与经济合作与发展组织（OECD）等国际数据库，EEA 环境数据与指标，EECCA（东欧高加索和中亚地区）环境数据与指标，世界卫生组织（WHO）的环境与健康指标等一系列指标集的基础上，研究综合提炼出评价指标，最终得到的评估报告所涵盖的内容包括以下四个方面：一是各类环境系统的现实状况与发展趋势，二是人类对环境产生的不利影响，三是环境问题产生的根源，四是对环境问题的描述说明。第四次评估报告，不仅包括了空气、水等能够影响人类健康的环境介质，还涉及了如气候变化、生物多样性、生产生活方式等

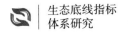
的空间或功能单元。

四 OECD：侧重结果的公正性和实用性的环境绩效评估体系

成立于 1961 年的经济合作与发展组织（OECD），是一个有 30 多个实施市场经济制度的国家组成的政府间国际经济组织。OECD 较早开展环境绩效评估工作，第一轮环境绩效评估在 1991～2000 年完成，31 个成员国相继开展完成了系统独立的环境绩效评估工作，保加利亚、俄罗斯、巴西等非成员国也开展了评估工作。

OECD 环境绩效评估内容广泛，涵盖了与环境相关的方方面面，包括环境现状、可持续发展问题、环境政策的实施问题、环境政策一体化及国际合作等，也十分强调受评国的特殊环境问题。从第二轮开始，环境绩效评估内容有所侧重，其环境绩效评估内容倾向于受评国宏观方面的政策和受评国国际环境合作方面。同时，为了评估的客观以及公正性，在评估指标选取上，基于 P－S－R 模型构建定性和定量相结合的评估指标体系。评价指标包括定量指标、定性指标和描述性指标三类，其中，定量指标包括空气质量标准、大气污染物排放目标等，定性指标包括资源的可持续利用和人类活动的生态影响指标，描述性指标用来描述环境状况与未来的发展趋势。在评估方法上，OECD 认为不同国家的评估方法的相对统一是非常重要的，包括统一的评估方法、报告大纲、指标体系等，同时，还充分考虑到了受评国自身的特点。

在评估方法上，如有必要，可以设定特殊章节，在该章节中会充分考虑受评国独特的环境问题及其领先领域，运用周期性评估方法进行评估。OECD 环境绩效评估的特点之一是互动评估，即由第三方国家来对受评国进行环境绩效评估工作，这有助于保证结果公平公开，不同国家之间也可以吸收有益经验，在环境管理领域开展更亲密的合作，加强政府间对话，提升各国环境执政能力。

五　北爱尔兰政府：基于平衡计分卡的环境绩效考核体系

北爱尔兰政府环保部门下设分支机构 NIEA，该机构共有 21 个部门和派出机构，业务内容涵盖环境保护、自然遗产、历史遗产、公共服务等领域。为了评估北爱尔兰的发展趋势，NIEA 研究了气候变化、土地利用、经济发展、海洋环境保护等各方面所面临的挑战，该研究有利于北爱尔兰保持优美的环境以及促进经济的发展繁荣，之后确定了 2012～2020 年的发展战略：保持健康和谐的自然环境；提升人民的福利和健康水平；发展可持续经济；有效利用自然资源。

NIEA 的指标选取基于平衡计分卡并在此基础上构建指标体系。平衡计分卡把战略置于中心地位，围绕财务、市场和顾客、内部作业流程、学习和成长四个方面依序展开为具有因果关系的局部目标并进一步发展对应的评价指标。NIEA 的平衡计分卡没有采用一般意义上企业平衡计分卡的四个维度，而是根据自身特点进行了改造，其计分卡包括结果维度、顾客维度、内部程序维度、组织和人员维度等。[1]

① Northern Ireland Environment Agencynnual Report and Accounts, 2011, The Department of the Environment, http://www.doeni.gov.uk/niea/index/about－niea/niea_corporate_publications.htm.

使用平衡计分卡的方式进行环境绩效评估可以明确地描述无形资产与有形资产间以良好配置方式创造不同于其他人的公众生活体验与良好环境绩效。

NIEA 不否定政府绩效管理中财务管理的重要性，也非常重视政府的产出。此外，NIEA 高度关注社会公众可以发挥的作用，致力于提高公众意识。当然 NIEA 没有规定对公众的指标。此外，指标"跟踪"服务对象需求的新变化，体现在多个方面，包括：帮助其雇员获得相关的知识技能，以更好地实现组织目标；按要求组织资源；信息与科研一体化等方面也有所体现。

六　美国：建立在健全法律法规基础上的政府环境绩效审计

环境绩效审计是指参照相关标准，对被审计主体的生态环境经济行为进行审查，评估其资源环境开发利用情况，对环境的保护情况，明确项目发展潜力，对项目的效率效果发表意见，促进其改善环境管理、提高环境管理绩效的一种审计活动。美国政府环境绩效审计内容包括：评价美国联邦土地经营项目的运作是否符合相关法律法规，土地项目的开发是否具有经济性、效率性和效果性，是否符合成本效益原则；评价能源与环保政策的有效性；评价美国联邦污染治理项目投入的财政资金状况；评价美国对工业生产排放的废水、废气、废渣的处理情况，对居民排放的生活垃圾的分类处理情况，对核废料的处理能否保证不影响社会公众的身体健康和生活环境；评价美国处理具有跨国性和全球性的环境问题时，是否遵循国际环境公约和协议，美国关于环境审计的国际协调战略是否可以取得预期效果。[1]

美国作为世界上最早实施绩效评估制度和预算审计制度的国家，在绩效审计方面具有自身特点。首先，法律法规健全。环保局制定了大量有关环境保护的法律法规，为配合环境审计，加大了对违规行为的处罚力度。美国司法部还设立了专门处理环境犯罪的职能部门，在环保局内部设置了刑事处罚办公室，对环境犯罪者进行严厉的制裁。环保局对环境犯罪具有刑事调查权，环保局的刑事调查员具有法律执行权力，可以批准逮捕环境犯罪者。美国审计机关依据联邦成文法进行环境审计，通过环境审计揭露破坏环境的行为，其直接或间接责任人需要交付优先补偿基金。其次，人才储备多元。美国环境资金审计处和绩效审计处的工作人员具有不同的专业背景，不仅包括传统的注册会计师，而且包括环境科技专家、环境项目评估师和公共政策专家等。美国审计署要求环境审计人员持续接受后续职业教育，更新自身的知识结构，以提高专业胜任能力，更好地服务于环境审计工作。最后，审计程序规范。美国审计署积极开展环境财务合规性审计和环境绩效审计，其规范程序的一个标志就是向国会提交环境审计报告，在审计报告中不仅揭露环境审计过程中查出的问题，而且提出了很多完善环境保护法律法规方面的建议。美国还十分重视让社会公众参与对环境审计项目的监督，审计署通过新闻媒体、互联网等形式让公众知晓环境审计的最新情况，公众不仅可以方便地查阅环境审计报告，而且可以选派代表参加专题报

---

[1] 李苗苗：《借鉴美国经验，完善我国政府环境审计》，《财会月刊》（理论版）2014 年第 11 期。

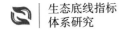
告环境审计项目的听证会。[①]

第二节 国内基于生态保护评价与考核指标
体系的实践

1972 年，中国出席了在斯德哥尔摩召开的第一次世界人类环境大会，之后 1973 年 8 月 5 日中国召开了第一次全国环境保护会议，第一次公开申明中国存在环境问题，在该会议上，通过了第一部环境法规——《关于保护和改善环境的若干规定》，将环境保护问题纳入国家战略。1974 年，国务院成立了环境保护领导小组，环境保护被明确规定为政府职责范畴。"十五""十一五""十二五"期间，各管理部门针对日益严重的环境问题，积极探索将环保指标纳入政府官员考核体系，2005 年，中共中央政策研究室提出把绿色 GDP 纳入党政领导的考核评价体系中。2006 年，中组部颁布《体现科学发展观要求的地方党政领导班子和领导干部综合考核评价（试行办法）》，将环境保护、资源消耗与安全生产、耕地等资源保护作为考核地方党政领导班子的三个细分评价要点，要求地方组织部门据此自行设计指标体系和考核方案，并于 2009 年修订实施。《中共中央关于全面深化改革若干重大问题的决定》于 2013 年 12 月发布，在加强生态文明制度建设部分，提出要摸索出自然资源资产负债表的

---

① 李苗苗：《借鉴美国经验，完善我国政府环境审计》，《财会月刊》（理论版）2014 年第 11 期。

编制方案，对于离任干部，要加强自然资源离任审计，对破坏资源环境的行为进行终身追责。2015 年 11 月，党的十八届五中全会进一步强调要以更大力度治理环境，着力提升环境质量，用最严格的环境保护制度保护环境，其中包括通过政绩考核建立党政同责的终身责任追究制度，建立最严格的环境法治、环境管控和环境经济制度体系等。

回顾中国环境保护与治理之路，随着思路和方法的递进式创新，国内生态保护评估与考核的实践过程尤以三大指标体系的研究与应用为里程碑，根据这三大里程碑，可具体划分为起步期、确立期和全面实现期。

一　起步期：可持续发展指标体系

可持续发展指标体系为将生态保护纳入政府绩效考核提供了参照和准备。1972 年罗马俱乐部发表震撼世界的著名研究报告《增长的极限》，提出"零增长理论"，认为人口爆炸、粮食生产的限制、不可再生资源的消耗、工业化及环境污染对经济指数增长模式的持续性构成挑战。在联合国大会的要求下，世界环境与发展委员会于 1987 年提出了一份长篇报告——《我们共同的未来》，在这份报告中，提出了未来发展的基本原则"可持续发展"，这为世界各国的经济发展和环境保护指明了方向。1992 年联合国环境与发展大会上，可持续发展思想取得共识，并被广泛传播。中国政府对于制定和实施可持续发展战略给予了极大的重视，国家计委和国家科委组织编制了《中国 21 世纪议程》，并于 1994 年 3 月经国务院批准颁布执行。1996 年将可持续发展上升为国家战略并全面推进实施，认为经济发展必须统筹兼顾，既考虑发展，也考虑人口、资源环境的制约，不仅当前的经济发展需要一个良好的规划，还要考虑到未来的子孙后代，为他们留下宝贵的自然资源条件，绝不能先污染后治理，更不能吃祖宗饭、断子孙路。

21世纪以来，中国对于自然环境、可持续发展的认识不断深化，2003年党的十六届三中全会提出了科学发展观，2005年党的十六届五中全会提出要建设资源节约型、环境友好型社会的先进理念，2007年党的十七大将科学发展观、建设"两型社会"写入《中国共产党章程》，并且首次提出要建设生态文明的理念。

20世纪90年代至今，关于可持续发展指标体系的研究一直十分活跃，已建立并正式提出的指标体系有数十种，其中具有代表性的应用包括：（1）中国科学院可持续发展战略研究组从1999年开始推出的年度《中国可持续发展战略报告》，对中国各省区市可持续发展进行了全面而系统的评价；（2）中国科学院广州地球化学研究所提出的基于资源承载力的可持续发展指标体系被应用于广东省21个地市以及中国31个省区市的区域可持续发展评价；（3）国家统计局统计科学研究所和中国21世纪议程管理中心联合成立了"中国可持续发展指标体系研究"课题组，该课题组提出的包括经济、社会、人口、资源、环境和科教六大可持续发展范畴的指标体系被用于对区域可持续发展现状、水平和发展趋势进行全面评价；（4）由中国国际经济交流中心和美国哥伦比亚大学地球研究院合作建立的中国可持续发展指标体系借鉴自然资产负债表的编制架构，将环境与资源描述成自然存量，以人类的生产和消费活动对自然的负面影响和可持续治理的正面效应体现自然存量的增减。

可持续发展指标体系着眼于人口、资源、环境对于经济发展的约束性作用，在完善过程中又不断加入对社会和制度因素的考量，所以在指标的选取上往往包罗方面较多，人为因素影响明显，谱系繁杂；而构筑过程往往从概念框架直接转成指标体系，所以难免出现指标与实际统计指标脱节、统计口径不一而无法进行区域比较等问题。尤其需要指出的是，绝大部分可持续发展指标体系作为政府绩效评估的参照，并不具有行政上和法律上的约束性。但是，可持续发展指标体系的建立为生态环境指标纳入政府绩效考核提供了思路、方法和舆论上的准备。

二　确立期：环保约束性指标被列入政府五年规划

将环保约束性指标列入"十一五"规划开启了将生态保护纳入政府绩效考核的绿色时代。十届全国人大四次会议于 2006 年 3 月通过了《中华人民共和国国民经济和社会发展第十一个五年规划纲要》，该纲要将国内生产总值增长调整为预期性指标，人口资源环境、公共服务等人民生活中的 8 项指标成为具有法律效力的约束性指标，而"十一五"期间实现主要污染物排放总量减少 10% 被列入其中，并作为考核政府责任的硬指标，各地政府应主动承担各自辖区内环境保护的责任，实行最严格的环境保护制度，并落实完善绩效考核及责任追究制度。"十一五"规划纲要同时也提出要按照不同主体功能区的不同特点来完善环境绩效评价制度，不同功能区适用不同的考评体系：对于优化开发区域，注重对资源消耗及经济结构的评价，淡化经济增长的影响；对于重点开发地区，要进行综合评价；对于限制开发区域，重点评价生态保护绩效；对于禁止开发区域，也重点评价生态保护绩效。这为政府绩效考核机制进一步改革提供了可供依行的思路。

在"十一五"规划基础上，"十二五"规划新增两项约束性指标，更进一步提出合理控制能源消费总量的要求。《关于〈中共中央关于制定国民经济和社会发展第十三个五年规划的建议〉的说明》指出，我国正面临资源、环境的双重约束，形势复杂严峻，要对能源消费总量和消耗强度进行双重控制，对建设用地和水资源的总量与强度也要进行双重控制，进一步缓解资源、环境带来的双重压力。

我国面临的环境风险严峻，形势错综复杂，面对这一情况，执政理念、发展理念要随着经济发展和生态环境变化而相应变化，环境指标被纳入约束性指标就是变化的很好体现。在约束性指标的制约下，各级地方政府更易于树立正确的价值观、政绩观，在经济发展的过程中切实加强对生态环境的保护。同时，有了量化的约束性指标，中央政府更能加强对地方各级政府的有效监管，促进各地区经济可持续发展。但是由于约束性指标数量较少，亦未形成科学体系，而环境保护与治理权力分散、层级低下，所以一些地方政府仍唯 GDP 至上，丧失底线思维，为了一时的经济增长而造成严重的环境破坏，甚至在一些地区，有着较强的地方保护主义，使得环境执法难，难以有效地打击环境违法行为。

三　全面实现期：生态文明建设指标体系

生态文明建设指标体系的建立标志着政府生态绩效考核制度改

革开始全面推进。2012 年，党的十八大报告提出把生态文明建设纳入中国特色社会主义事业"五位一体"（即经济建设、政治建设、文化建设、社会建设、生态文明建设）的总体布局，将生态文明提升至国家战略，成为全面建设小康社会的重要组成部分。党的十八大提出，经济社会发展评价体系应更加完善，要涵盖资源消耗、生态效益、环境损害等方面，完善体制机制改革，加快生态文明建设。党的十八届三中全会进一步提出，加快建设生态文明制度体系，实行最严格的生态环境保护制度、赔偿制度以及追责制度，要用有效的制度体系来保护生态环境，对于一些特殊地区，取消地区生产总值考核。

环保部于 2013 年 6 月颁布《国家生态文明建设试点示范区指标（试行）》，该指标重点关注五个领域，包括生态经济、生态人居、生态制度、生态文化和生态经济，同时还提出了 29 项基础指标和一项自定义特色指标。作为第一次跳出环保而设计的考核性指标体系，这一指标体系的确立标志中国政府生态环境绩效考核目标导向确定，考核范畴逐渐涵盖生态、政治、经济、社会、文化等方方面面，考核标准渐趋统一。

在全国性指标发布之后，各地方分别依据当地的独特地理和区位特点、环境资源禀赋和发展阶段限定制定了符合地方特点的生态文明建设指标体系。作为生态文明先行示范区，贵州认真贯彻党的十八大和十八届三中全会精神，探索资源能源富集、生态环境脆弱、生态区位重要、经济欠发达地区生态文明建设的有效模式，从经济发展质量、资源能源节约利用、生态建设与环境保护、生态文化培育、体制机制建设等方面开展生态文明建设工作，建立并发布了

《贵州省生态文明先行示范区建设目标体系》，具体指标如表 4 - 1
所示。

表 4 - 1 贵州省生态文明先行示范区建设目标体系

类别	标号	指标名称	单位	2012 年	2020 年
经济发展质量	1	人均生产总值	元	19170	58315
	2	城乡居民收入比	—	3.93 : 1	3.13 : 1
	3	三次产业增加值比	—	13 : 39.1 : 49.7	7.3 : 48.3 : 44.4
	4	战略性新兴产业增加值占生产总值比重	%	2.42	8
	5	农产品中无公害、绿色、有机农产品种植面积比例	%	12.44	50
资源能源节约利用	6	国土开发强度	%	3.4	4.1
	7	耕地保有量	万公顷	455.54	437
	8	单位建设用地生产总值	亿元/公里^2	1.1178	1.3
	9	用水总量	亿立方米	91.52	134.39
	10	水资源开发利用率	%	9.3	15
	11	万元工业增加值用水量	吨	111	88
	12	农田灌溉水有效利用系数	—	0.434	0.47
	13	非常规水源利用率	%	2	6
	14	单位生产总值能耗	吨标准煤/万元	1.644	1.359
	15	单位生产总值二氧化碳排放量	吨/万元	4.012	3.048
	16	非化石能源占一次能源消费比重	%	10.5	21.76
	17	能源消费总量	万吨标准煤	9878	17290
	18	资源产出量	万元/吨	—	—
	19	绿色矿山比例	—	7	25
	20	工业固体废弃物综合利用率	%	60.9	72
	21	新型绿色建筑比例	%	0	60

续表

类别	标号	指标名称	单位	2012 年	2020 年
资源能源 节约利用	22	农作物秸秆综合利用率	%	51.18	75
	23	主要再生资源回收利用率	%	63	73
生态建设与 环境保护	24	森林覆盖率	%	47	52
	25	森林蓄积量	万立方米	36900	47100
	26	湿地保有量	万公顷	20.97	21.34
	27	禁止开发区域面积	万公顷	178.83	178.83
	28	水土流失面积	万公顷	552.7	497.4
	29	本地物种受保护程度	%	80	90
	30	石漠化土地治理面积	万公顷	46	126
	31	人均公共绿地面积	平方米	6.68	8
	32	主要污染物排放总量:			达到国家下达的 控制目标
		化学需氧量（COD）	万吨	33.3	
		二氧化硫	万吨	104.1	
		氮氧化物	万吨	56.36	
	33	空气质量指数（AQI）达到 优良天数占比	%	—	85
	34	河湖水域面积保有量	公顷	20.98	21.15
	35	水功能水质达标率	%	63.4	86.4
	36	供水水源地水质达标率	—	92.45	100
		城市供水水源地水质达标 率	%	—	—
		乡镇供水水源地水质达标 率	%	—	—
	37	城镇污水集中处理率	—	67.88	85
	38	城镇生活垃圾无害化处 理率	%	24.28	50
生态文化 培育	39	生态文明知识普及率	%	80	90
	40	党政干部参加生态文明培训 的比例	%	20	100
	41	公共交通机动化出行分担率	%	16	32
	42	二级以上能效家电产品市场 占有率	%	60	90

类别	标号	指标名称	单位	2012 年	2020 年
生态文化 培育	43	节水器具普及率	%	55	70
	44	有关产品政府绿色采购比例	%	56.34	90
体制机制 建设	45	生态文明建设占党政绩效考核的比重	%	5	10
	46	环境信息公开率	%	—	100

《贵州省生态文明先行示范区建设目标体系》为贵州生态环境的治理和改善设定了 2020 年的目标任务，同时也为贵州积极探索创新政府生态绩效考核机制提供了参照和准备。

第三节　述　评

毋庸置疑，国内外有关环境评估与绩效考核的相关研究及实践有力推进了生态环境的保护及建设，生态问题是当前各国各级政府以及全体民众普遍关注的问题，事关社会可持续发展与人类福祉。但是，与以往可持续发展指标、政府五年规划中环保约束性指标以及生态文明建设指标体系等各类指标不同的是，生态底线指标关键在于"底线"二字，即合理设定资源消耗"天花板"，将各类开发活动限制在资源环境承载能力之内，保证森林、大气、水、土壤等环境质量"只能更好，不能变坏"，确保生态功能不降低。所以，生态底线指标体系的建立必然最关注甚至只关注生态环境的本底条件，可谓"只见生态环境保护，而不见其他"，这是由生态底线的刚性特征决定的，不容许非生态环境类指标稀释生态类指标的决定性，不容许主观性指标对冲客观性指标的重要性，参考生态底线指标进行绩效考核更有利于把环境保护和生态文明建设的工作落到实处。因为只有从底线出发，污染控制、生态保护、资源节约才能真正实现；只有从底线出发，守住四线并将其转化为量化指标、具体政策、工程项目等才会有的放矢。①

生态底线指标同政府五年规划中的环保约束性指标一样都具有约束性和强制性，受到纪律和法律的保障。由于生态底线指标体系是对生态底线指标科学和系统的甄选与汇总，而其构建的直接目的是考核党政一把手的生态环境保护绩效，可以预见在系统性和有效性上都将超越之前三种生态保护考核指标体系，尤其是本研究将从环境介质的视角进行指标体系的构建，通过对环境介质的监管，有利于单一目标向双目标转变，即从总量控制转变为改善环境质量和控制污染物排放总量，实现环境质量的总体提升。

---

① 李萌：《基于环境介质的生态底线指标体系构建及考核评价》，《中国人口·资源与环境》2016 年第 7 期。

第五章

构建贵州生态底线指标
体系的基本思路

第一节　指标体系构建的基本思路

贵州省生态底线指标体系构建工作的开展要立足于生态环境，着眼于环境治理，充分考虑大气、水、土壤、植被等环境介质，力求指标的客观性与环境数据的可得性，遵循环境指标强约束性的特征，构建一个开放性指标体系，并利用该体系指导环境治理，使省级政府倒逼市、县政府，强化环境治理的力度与效果。

一　扣准"生态底线"的扣子

贵州生态底线指标体系的建立将以各市、县生态本底条件和主体功能区归属为依据，科学划定各市、县生态底线的范畴。"明底线"才能"知敬畏"，生态底线指标体系通过一年一期的评估，比较基准年值、底线值和考核年值的高低，衡量市、县党政一把手执政期间生态环境质量提升的幅度，结果确定，方法简易，可科学有效地客观评估和考核政府生态保护绩效。

二　担起"党政同责"的担子

一方面，本生态底线指标体系设定的意图并非事无巨细地限定地方政府生态保护的细节性技术指标，而是通过锚定最关键、最能影响人民生活、最能反映生态环境保护状况的那些状态性指标，来勾勒出当地环境保护的蓝图，落实党政同责、一岗双责、严肃问责，将促进环境保护由部门责任上升为党政一把手的属地责任。另一方面也为地方行政官员提供宏观的路线和必要的抓手，以便他们根据当地的特殊环境禀赋要求，督促和监控具体执行人员的工作，确保底线指标不被突破。① 对于各地应无差别达标的指标，将设定一部分"一票否决"指标。实施"一票否决"和"终身追责"，用党纪、政纪和国法切实护卫生态底线永不突破。

三 钉好山青、天蓝、水清、地洁四组钉子

贵州生态底线指标体系的建立将从守住山上、天上、水里、地里四条底线入手，分别设定森林、空气、水体、土壤四组底线指标，同时着力减少资源能源的消耗，并将之与市、县党政一把手的政绩考核牢牢挂钩，促进提高生态环境保护、修复与治理的效率，还原和保留山青、天蓝、水清、地洁的贵州，率先建成生态文明先行示范区，引领生态文明在全国实现。沿着生态底线的边界，钉好山青、天蓝、水清、地洁四组钉子就牢牢地钉下了贵州蓝天更蓝、青山常青的版图和格局，也结结实实地为金山银山在苍翠中生发壮大夯实了"点绿成金"的制度基础，为人民群众身体健康、安居乐业和永

---

① 李萌：《基于环境介质的生态底线指标体系构建及考核评价》，《中国人口·资源与环境》2016 年第 7 期。

续发展抹画出了最亮丽的底色。

贵州省生态底线指标体系的建立，第一次正式将生态底线的界定指标系统性地确定为地方政府政绩的约束性指标，是贵州作为国家生态文明先行示范区在体制机制改革领域先行先试的探索和创新，将具有在全国进一步推广的战略价值。

第二节　指标选择的基本要求

一　政策相关性强

在地方政府环境保护行为系统中，绩效指标的选择必须依据地方环境政策目标，建立与政策目标具有强相关性的指标体系，且相关性越强，越能反映环境政策的执行与实现状况。贵州省政府提出山上、天上、水里、地里四条生态底线内容，指标选择必须围绕这四个方面内容建立环境绩效指标体系，立足本省生态环境本身，保证政策强相关性。

二　空间尺度适宜

所选取的生态底线指标设计的目标是指导省级政府对市、县的考察，在空间尺度上，因地制宜，评估指标的重点放在反映本地环境特征的指标内容方面，根据各市、县所处不同主体功能区而有所不同。

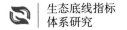
三　数据可得性大

环境绩效考核需要大量的生态环境数据作为支撑，但目前我国生态体系构建尚不系统完整，各领域不可避免地存在一些缺陷，环境基础数据的缺失，或是数据的质量不佳，抑或是数据透明度不高，这些都会严重地影响到考核的公平公正。因此，为避免出现指标考核数据不可得、有效性缺失的问题，在生态底线指标选取上，尽量选取数据清晰的、可测量的指标，如可监测的 PM2.5 指标，以绝对值或单位面积减少量的下降来衡量的重金属修复指标等，而这些指标数据的可得性也是指标体系在反映现实情况具有一定准确性的前提。

四　指标独立性强

生态环境绩效考核涉及环境、生态等大量的数据，且涉及层面广，影响因素多，因此指标选取除了要考虑指标数据的可得性以及有效性外，还要遵循精简性原则，这些指标要能反映该城市的本质特征、复杂性和质量水平，是具有代表性的指标；不同的指标之间在各方面都要尽可能地降低交叉重叠的可能，保证其是独立指标。

五　指标强约束性

生态底线指标的选取是以目标为导向的，也就是说考核是唯目标论而不是过程论，可避免更多主观指标的干扰，保证指标的客观性。另外考核时，底线指标的约束性较强，同时具有排他性。其他领域的良好发展不能够掩饰底线指标完成的不足，同时，其他领域工作的失误也不会掩盖该指标成果的光芒。

六　动静结合时效长

注意"动静结合"。静态指标能够确切地反映短时间内环境质量改善状况。动态性指标能够准确地反映出主要领导干部亲自主持环保工作所带来的成绩以及环境改善的成果，能够"跟踪"环境治理的成效，避免因任期短与生态建设见效慢而产生的矛盾。因此，指标选取应做到"动""静"两者兼而有之。

第三节　指标选择的基本原则

一　重要且典型性原则

把生态底线一些指标作为考核使用时，需要简单、客观、容易操作，而且指标数量不宜过多。指标应以可以量化的结果的指标为主，相关指标的数据要有正规的统计渠道。制定生态底线指标体系，既要包括数量，也要包括质量；既要有空间方面的内容，还要有效率方面的内容。

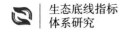
在单纯构建底线指标体系时，应尽可能全地确定相关指标的底线，以便为红线及各专业部门制定政策目标提供依据。但在作为考核体系时，则不能贪多求全。原因就在于底线指标一旦作为考核指标，就变成了红线指标，具有很强的约束力。因此，指标数量不宜多，应具有重要性与典型性。

二　生态质量为准原则

生态底线主要是指生态质量的结果，考核标准也应以区域生态环境质量为主要考核标准。政策法规的制定与执行、人们生态环境观念的进步、科技的创新、经济的投入等要素都属于过程与手段，不应列入生态底线考核标准。

同时，生态底线考核标准应具有独立性与代表性，避免交叉，通过选择典型的生态环境质量指标，构建一套完整的生态底线考核指标体系。

三　结合已有规范原则

生态底线考核指标体系不是独立存在的一套体系，需要结合或配套已有的政策法规、标准等规范性文件，特别是要同已有的约束性生态环境指标相结合。

要结合已有的标准。在生态环境评价方面，已有多套完整的标准体系。生态底线考核指标体系主要是从中选择有代表性的指标及标准。

要配套已有政策法规。贵州省已出台《贵州省生态文明建设促进条例》《贵州省林业生态红线保护党政领导干部问责暂行办法》《贵州省生态环境损害党政领导干部问责暂行办法》等政策法规，要有效执行这些政策法规，需要进一步细化的措施，生态底线考核指标体系应积极配套这些政策法规措施。

四 指标的针对性原则

构建指标体系较完整的生态底线考核指标库，该指标库从全省角度着手，指标尽可能全。考核各市县（区）干部时，应根据各地实际情况，可从指标库中选择典型指标。但考虑到公平原则，各市、县的考核指标应基本一致，只有极少数不同。比如，没有石漠化的地区，则不必考核相关指标。

五 红线指标优先原则

由于红线标准高于底线标准，依据标准从高的原则，对于生态红线区，考核标准要以生态红线指标为准。对于非生态红线区域，考核标准依据生态底线标准，这时的底线也就成了红线，这时的红线属于数值概念。对于一个同时覆盖红线区与非红线区的行政区，考核要分别实施。实际上，当底线指标成为重要考核指标时，这些指标也就成了不可逾越的红线指标。[1]

---

[1] 李萌：《基于环境介质的生态底线指标体系构建及考核评价》，《中国人口·资源与环境》2016 年第 7 期。

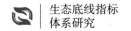
第四节　生态底线指标体系的目标

生态底线考核指标体系的目标有三点：

一是起考核作用，考核政府在生态环境建设方面的实际作为；

二是起约束作用，在生态环境方面，政府的行为是有底线的；

三是起引导鼓励作用，使政府更加积极主动地推进生态环境建设。

第五节　生态底线指标体系的选择依据

生态底线主要包括资源消耗上限、环境质量底线、生态保护红线三个方面。相关指标及底线值的确定主要依据国家及贵州省的相关政策法规及标准。

一　生态保护红线

生态保护红线是安全线，是底线，关乎国家生态环境安全，划定生态保护红线的目的是要加快推进生态保护制度体系的建设，加强对环境质量安全、自然资源利用、生态功能保障等方面的监管力度，促进经济效益与生态效益相统一，促进人与自然和谐相处。生态保护红线具有多种特征，包括强制约束性、动态平衡性、协同增效性等。

目前，国家已出台有《生态保护红线划定技术指南》《全国生态功能区划》《关于加快推进生态文明建设的意见》《党政领导干部生态环境损害责任追究办法（试行）》等政策措施，贵州省也出台了《贵州省生态文明建设促进条例》《贵州省林业生态红线划定实施方案》等政策法规。制定生态保护红线指标，应主要参考这些政策法规强调的重点。

二　环境质量安全底线

环境质量安全底线是保障人民群众基本生活的安全线，确保人民群众有新鲜空气、干净水源、放心粮食、良好的生态环境。环境质量安全底线包括三条红线：污染物排放总量控制红线、环境质量达标红线以及环境风险管理红线。污染物排放总量控制红线要求全面彻底地完成减排任务，减少排放总量。环境质量达标红线要求环境质量水平达到环境功能区要求。

在环境保护方面，国家出台了环保法等大量政策法规，正式施行。同时，也出台了大量标准及规范。这些政策法规是本研究选择环境质量安全底线评价指标及底线值的重要依据。

如 2003 年 8 月，国家环保总局发布《关于印发全国地表水环境容量和大气环境容量核定工作方案的通知》，2003 年 12 月又发布《关于加强环境容量测算工作的通知》。这些政策是本研究计算环境容量的重要依据。

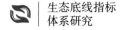
三　自然资源利用上限

自然资源利用上限限制了资源的利用，有助于促进资源能源节约，提高水、草地等自然资源的利用效率。该限制条件符合经济社会发展的阶段性特征，与目前的资源环境承载力相匹配。

自然资源利用上限的评价主要通过评价水资源利用红线、土地资源利用红线、能源利用红线实现。《循环经济发展战略及近期行动计划》《关于实行最严格水资源管理制度的意见》《可再生能源中长期发展规划》等政策法规，是本指标体系制定的重要依据。

四　主要政策依据

➢《党政领导干部生态环境损害责任追究办法（试行）》（中共中央办公厅、国务院办公厅，2015 年 8 月）

➢《生态保护红线划定技术指南》（中华人民共和国环境保护部，2015 年 5 月）

➢《中共中央 国务院关于加快推进生态文明建设的意见》（2015 年 4 月 25 日）

➢《国家重点生态功能区县域生态环境质量监测评价与考核指标体系》（环发〔2014〕32 号）

➢《国家重点生态功能区县域生态环境质量监测评价与考核指标体系实施细则（试行）》（环办〔2014〕96 号）

➢《中华人民共和国环境保护法》（新修订后）

➤《国务院关于印发循环经济发展战略及近期行动计划的通知》（国发〔2013〕5号）

➤《关于实行最严格水资源管理制度的意见》（国发〔2012〕3号）

➤《国务院关于加强环境保护重点工作的意见》（国发〔2011〕35号）

➤《国务院关于印发全国主体功能区规划的通知》（国发〔2010〕46号）

➤《关于发布〈全国生态功能区划〉的公告》（中华人民共和国环境保护部、中国科学院公告2008年第35号）

➤《中国生物多样性保护战略与行动计划（2011—2030年)》（环发〔2010〕106号）

➤《全国生态脆弱区保护规划纲要》（环发〔2008〕92号）

➤《可再生能源中长期发展规划》（中华人民共和国国家发展和改革委员会，2007年9月）

➤《关于印发〈城市大气环境容量核定技术报告编制大纲〉的通知》（环办〔2004〕48号）

➤《关于印发全国地表水环境容量和大气环境容量核定工作方案的通知》（环发〔2003〕141号）

➤《关于加强环境容量测算工作的通知》（环办〔2003〕116号）

➤《贵州省生态环境损害党政领导干部问责暂行办法》（贵州省委办公厅、省政府办公厅，2015年4月）

➤《贵州省生态文明建设促进条例》（2014年5月17日贵州省第十二届人民代表大会常务委员会第九次会议通过，自2014年7月

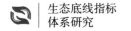

1 日起施行）

➢《贵州省林业生态红线划定实施方案》（贵州省林业厅，2014
年）

第六节　生态底线指标体系的选择方法

在生态环境评价领域，目前国内外常用的方法有 PSR 模型指
标体系、DSR 模型指标体系、DPSIR 模型指标体系等。由于贵州
省生态底线考核主要考核的是"生态底线"，也就是考核生态环境
结果——"状态"，因此，指标的选择应以主要客观的"状态"为
准，重点是结果，不宜过多选取压力（或驱动力）与响应方面的
指标。

但同时，由于贵州省各市、县（区）面临的生态环境压力不同，
有的地方生态环境远远好于底线，有些地方生态环境已经突破底线，
显然，具体考核时不宜完全按照生态底线来要求，应针对各市、县
（区）的具体情况，依据"生态红线控制区""生态底线控制区"
"生态底线发展区"分别进行考核。

结合指标选择及底线值确定的标准，贵州省生态底线考核指标
体系将采用"压力－状态－响应"考核模型。

第六章

贵州省生态底线指标体系的系统构建

第一节　指标的选取

一　一级指标的选择及依据

一级指标：大气、土壤、植被、能源、水体。

指标选择的依据：贵州省政府提出山上、天上、水里、地里四条生态底线内容，考核方法重视从质量结果进行考核，有利于解决污染排放量符合标准，但生态环境质量依旧持续恶化的老问题，具有理论创新与实践应用价值。因此，指标选择应围绕这四个方面内容建立环境绩效指标体系，立足本省生态环境本身，保证政策强相关性。

此外，在生态环境保护与资源开发中，能源开发利用是一个非常重要的部分，因此，在本研究中，也将"能源"作为一级指标。

二　二级指标的选择及依据

依据用途，二级指标有两套选择标准。

一是作为参考值用。如果底线指标体系只是用来制定红线的基

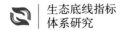
础或各部门制定约束性目标的参考值，这时的底线指标应尽可能地多选，涵盖范围要非常广泛。

二是作为考核用。如果把底线指标体系作为实际考核用，这时的底线值就成为红线值，具有极强的政策法规效力。指标的选择则不宜多，应具有极强的代表性及可操作性。

本研究构建底线指标体系依据第二个目标进行。

二级指标的选择主要依据国家提出的重要约束性指标。"十二五"规划中资源环境方面的指标有 12 项，其中 11 项为约束性指标，1 项为预期性指标。这些指标应成为构建底线指标体系的重要依据。见表 6 - 1。

表 6 - 1 "十二五"规划指标

序号	指标名称	目标	类型	完成现状	评估
1	耕地保有量	保持在 18.18 亿亩	约束性指标	20.31 亿亩[①]	良好
2	单位工业增加值用水量	降低 30%	约束性指标	<25%[②]	滞后
3	农业灌溉用水有效利用系数	提高到 0.53	预期性指标	0.52[③]	良好
4	非化石能源占一次能源消费比重	达到 11.4%	约束性指标	11.1%[④]	良好
5	单位国内生产总值能源消耗	降低 16%	约束性指标	>13.9%[⑤]	良好
6	单位国内生产总值二氧化碳排放	降低 17%	约束性指标	>14.7%[⑥]	良好
7	化学需氧量排放	减少 8%	约束性指标	10.28%[⑦]	良好
8	二氧化硫排放	减少 8%	约束性指标	12.08%[⑧]	良好
9	氨氮排放	减少 10%	约束性指标	9.95%[⑨]	良好
10	氮氧化物排放	减少 10%	约束性指标	7.07%[⑩]	明显滞后
11	森林覆盖率	提高到 21.66%	约束性指标	21.63%[⑪]	良好

序号	指标名称	目标	类型	完成现状	评估
12	森林蓄积量	增加 6 亿立方米	约束性指标	与第七次清查结果比增加 14.16 亿立方米⑫	良好

①国务院新闻办公室于 2014 年 12 月 5 日上午 10 时举行新闻发布会，农业部种植业管理司司长曾衍德指出，第二次全国土地调查后，耕地数量是 20.31 亿亩。但是有两点需要说明：一是耕地数量只是账面数字的变化，实际耕地还是那么多；二是这些耕地一直在种粮、种菜，都在生产。目前最主要的措施就是划定永久基本农田，已经划了 15.6 亿亩，但是没有落实到田块。

②来自工信部的数据显示，2011 年我国规模以上单位工业增加值用水量同比下降 8.9%，2012 年、2013 年均预计下降 7%，2014 年预计下降 5.8%。实际完成情况不容乐观。

③国务院新闻办公室于 2014 年 9 月 29 日上午 10 时举行新闻发布会，水利部副部长李国英介绍中国节水灌溉状况，指出 2000 年以来，我国农田亩均灌溉用水量由 420 立方米下降到 361 立方米，农田灌溉水有效利用系数由 0.43 提高到 0.52，农田灌溉用水量占全社会用水总量的比例从 63% 降低到 55%，有效灌溉面积由 8.25 亿亩增加到 9.52 亿亩。

④吴新雄在 2014 年 12 月 25 日召开的全国能源工作会议上介绍，我国加快发展清洁能源，能源结构进一步优化。预计 2014 年，非化石能源占一次能源消费比重提升至 11.1%，煤炭比重下降至 64.2%。

⑤国家统计局数据显示，2011 年全国单位 GDP 能耗下降 2.01%，2012 年全国单位 GDP 能耗下降 3.6%，2013 年单位 GDP 能耗下降 3.7%；2014 年 12 月 24 日，国家发改委副主任解振华在"2014 年中国节能与低碳发展论坛"上表示，初步估计 2014 年全国单位 GDP 能耗下降 4.6% ~ 4.7%，达到了"十二五"以来最大的降幅，超额完成年初预定的 3.9% 以上的目标。以上累计下降额超过 13.9%。

⑥单位 GDP 二氧化碳排放强度至 2012 年累计下降了 6.6%（其中 2012 年下降 5.02%），2013 年同比下降 4.3%，国家发改委表示 2014 ~ 2015 年单位 GDP 碳排放量要下降 4% 以上，累计超过 14.7%。

⑦为至 2014 年上半年的累积数字。

⑧为至 2014 年上半年的累积数字。

⑨为至 2014 年上半年的累积数字。

⑩为至 2014 年上半年的累积数字。

⑪国家林业局 2014 年 2 月 25 日公布了第八次全国森林资源清查成果，全国森林面积 2.08 亿公顷，森林覆盖率 21.63%。

⑫国家林业局 2014 年 2 月 25 日公布了第八次全国森林资源清查成果，森林蓄积 151.37 亿立方米，人工林蓄积 24.83 亿立方米。与 2008 年底结束的第七次清查结果相比森林蓄积净增 14.16 亿立方米，提前完成 2020 年比 2005 年增加 13 亿立方米的增长目标。

在"十三五"规划出台后，还应依据生态环境与资源方面的约束性指标进行适当调整。

同时，也要参考贵州省的实际情况及在生态文明建设中的重点。如贵州省的石漠化问题突出，应作为重点底线指标。评价空气质量

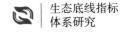
的 PM2.5 指标受到各方的关注，也应作为重要底线评价指标。

1. 大气二级指标的选择

选择的指标：PM2.5 含量、氮氧化物排放、二氧化硫排放、单位国内生产总值二氧化碳排放、氨氮排放。

指标选择的依据：在大气污染常规分析指标方面，按中国《大气环境质量标准》规定，常规分析指标有总悬浮微粒、二氧化硫、氮氧化物、一氧化碳和光化学氧化剂（O_3），一些城市或工业区还对降尘、总烃、铅、氟化物等进行监测。

根据"十二五"规划中的约束性指标，选择"氨氮排放""单位国内生产总值二氧化碳排放""氮氧化物排放""二氧化硫排放"等指标。

同时，由于细颗粒物（PM2.5）近年来受到公众更多的关注，PM2.5 有着其独有的特征，与其他大气颗粒物相比，虽然粒径较小，但是面积很大，在空气中活性较强，容易附着有毒有害物质，且能够在大气中长时间停留，因此，该颗粒物对人民群众的身体健康和大气质量的影响都非常大。京津冀已开始把 PM2.5 含量作为评价大气质量的重要指标。因此，建议贵州省也把 PM2.5 作为考核大气污染的底线指标之一。

2. 水体二级指标的选择

选择的指标：单位工业增加值用水量、化学需氧量排放、农业灌溉用水有效利用系数。

指标选择的依据：《中共中央 国务院关于加快推进生态文明建设的意见》提出，要"继续实施水资源开发利用控制、用水效率控制、水功能区限制纳污三条红线管理"。国务院发布的《关于实行最严格水资源管理制度的意见》明确提出水资源开发利用控制、用水效率控制和水功能区限制纳污"三条红线"。

结合"十二五"规划的约束性目标，建议贵州省生态底线考核体系选择"单位工业增加值用水量""农业灌溉用水有效利用系数"作为评价水资源利用效率的指标。[①]

水污染常规分析指标方面包括：臭味、水温、浑浊度、电导率、溶解性固体、pH 值、悬浮性固体、溶解氧（DO）、总氮、总有机碳（TOC）、化学需氧量（COD）、细菌总数等。其中，COD 是水体有机污染的一项重要指标，能够反映水体的污染程度。建议水污染考核指标选择"化学需氧量（COD）"作为水体污染控制的代表性指标。

3. 植被二级指标的选择

选择的指标：森林覆盖率、森林蓄积量、石漠化综合治理面积。

指标选择的依据：结合"十二五"规划的约束性目标，选择"森林蓄积量""森林覆盖率"两个指标作为林业保护的代表性底线指标。此外，鉴于贵州省的石漠化问题十分严重，本研究还建议选择"石漠化综合治理面积"这个指标作为水土流失控制的重要底线。

贵州省林业部门此前已制定了红线标准，划定了生态红线区，因此，其确定的指标也是底线考核的重要参考依据。

4. 土壤二级指标的选择

选择的指标：重金属污染面积、基本农田数量、单位工业用地

---

① 李萌：《基于环境介质的生态底线指标体系构建及考核评价》，《中国人口·资源与环境》2016 年第 7 期。

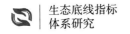
产出率。

指标选择的依据：为了促进地方政府转变发展模式，放弃粗放式发展，提升土地的利用效率，中央通过划定基本农田数量红线、生态保护红线等措施，倒逼地方政府集约用地。《中共中央国务院关于加快推进生态文明建设的意见》也提出，要"划定永久基本农田，严格实施永久保护，对新增建设用地占用耕地规模实行总量控制，落实耕地占补平衡，确保耕地数量不下降、质量不降低"。①

目前我国城镇低效用地占 40% 以上。数据显示，我国工业用地平均占城市总用地面积 40%～50%，高于发达国家 20%～30%，这意味着，工业用地集约高效利用是提高我国土地利用率的关键。

结合"十二五"规划的约束性目标，建议贵州省生态底线政府考核体系选择"基本农田数量""单位工业用地产出率"作为对土地资源利用的评价指标。

在土壤污染常规分析指标方面，根据中国土壤环境质量标准，土壤质量优先监测的是镉、汞、砷、铜、铅、铬、锌、镍、六六六、滴滴涕等，其中，重金属（铬等）对人体危害较大，建议选择"重金属污染面积"作为考核土壤污染的指标代表。

5. 能源二级指标的选择

选择的指标：可再生能源占一次能源消费比重、单位国内生产总值能源消耗。

---

① 《中共中央国务院关于加快推进生态文明建设的意见》，新华网，http://www.xinhuanet.com//politics/2015－05/05/c_1115187518.htm。

指标选择的依据：在能源资源利用方面，国家近年来积极推动能源消费强度和消费总量双控机制。《中共中央 国务院关于加快推进生态文明建设的意见》也提出，要"强化能源消耗强度控制，做好能源消费总量管理"。理论上，应以能源消费强度和化石能源消费总量作为控制能源资源利用的上限。但考虑到目前化石能源消费总量指标实施有一定难度，可采用"可再生能源占一次能源消费比重"作为替代评价指标。[①] 另外，建议采用"单位国内生产总值能源消耗"指标反映能源消费强度。

第二节　指标体系的构建

依据以上选择，可构建出作为实际评估考核用的贵州省生态底线考核指标体系。见表6－2。

表6－2　贵州省生态底线考核指标体系

一级指标层	二级指标层		底线值		指标类型
大气	大气污染重要成分	PM2.5 含量	主要依据《环境空气质量标准》（GB 3095－2012）	随着国家标准及区域环境的改善，进行调整	负指标
		单位国内生产总值二氧化碳排放	主要依据《环境空气质量标准》（GB 3095－2012）	随着国家标准及区域环境的改善，进行调整	负指标

---

① 李萌：《基于环境介质的生态底线指标体系构建及考核评价》，《中国人口·资源与环境》2016 年第 7 期。

续表

一级指标层	二级指标层		底线值		指标类型
贵州省生态底线指标体系	大气	大气污染重要成分	二氧化硫排放	主要依据《环境空气质量标准》（GB 3095－2012）	随着国家标准及区域环境的改善，进行调整	负指标
			氨氮排放	主要依据《环境空气质量标准》（GB 3095－2012）	随着国家标准及区域环境的改善，进行调整	负指标
			氮氧化物排放	主要依据《环境空气质量标准》（GB 3095－2012）	随着国家标准及区域环境的改善，进行调整	负指标
	水体	水资源开发利用	单位工业增加值用水量	万元工业增加值用水量比2010年下降30%以上	65立方米以下	正指标
			农业灌溉用水有效利用系数	0.53以上	0.55以上	正指标
		水体污染控制	化学需氧量排放	主要依据《地表水环境质量标准》（GB 3838－2002）	随着国家标准及环境的改善进行调整	负指标
	植被	森林保护	森林覆盖率	根据省生态红线值分解后的数值及非红线区的实际面积分别确定	根据进展进行相应的调整	正指标
			森林蓄积量	根据省生态红线值分解后的数值及非红线区的实际面积分别确定	根据进展进行相应的调整	正指标
		水土流失控制	石漠化综合治理面积	根据省生态红线值分解后的数值及非红线区的实际面积分别确定	根据进展进行相应的调整	正指标
	土壤	土地资源利用	基本农田数量	各地土地红线标准	规划的各地土地红线标准	正指标
			单位工业用地产出率	相较基准年提高的百分比	相较基准年提高的百分比	正指标

一级指标层	二级指标层		底线值		指标类型
贵州省生态底线指标体系	土壤	土壤污染控制	重金属污染面积	依据各地的约束性指标。重点参考现行《土壤环境质量标准》（GB 15618－1995）的修订草案《农用地土壤环境质量标准》与《建设用地土壤污染风险筛选指导值》	依据各地的约束性指标及国家相关标准	负指标
	能源	能源消费强度	单位国内生产总值能源消耗	1.47 吨标准煤/万元	随着国家标准进行调整	正指标
		能源消费总量	可再生能源占一次能源消费比重	不低于10%	不低于15%	正指标

第三节　指标底线值的确定

一　底线值的确定方法及依据

贵州省生态底线指标体系中，各指标底线值主要来源于三个渠道：一是计算路径，通过准确的科学计算得到；二是红线路径，依据国家或贵州省确定的红线标准；三是标准路径，依据国家或贵州省制定的约束性标准。

1. 把"十二五""十三五"的重要约束性指标值作为底线值的重要参考

"十二五"规划中资源环境方面的指标有 12 项，其中 11 项为约束性指标，1 项为预期性指标：耕地保有量为约束性指标，目标是 18.18 亿亩；单位工业增加值用水量降低 30%，为约束性指标；农业灌溉用水有效利用系数为预期性指标，预期增长 0.03，提高到 0.53；非化石能源占一次能源消费比重为约束性指标，累计增长 3.1 个百分点，从 8.3% 达到 11.4%；单位国内生产总值能源消耗为约束性指标，累计降低 16%；单位国内生产总值二氧化碳排放为约束性指标，累计降低 17%；主要污染物排放为约束性指标，包括化学需氧量减少 8%，二氧化硫排放减少 8%，氨氮排放减少 10%，氮氧化物排放减少 10%；森林覆盖率为约束性指标，提高到 21.66%；森林蓄积量为约束性指标，增加 6 亿立方米。

同时，贵州省生态底线值也应重视参考国家及贵州省"十三五"规划，选择其中重要且具有约束性的生态环境与资源指标值，作为贵州省生态底线值的重要参考。

2. 参考贵州省的相关约束性责任目标

贵州省县级以上人民政府依据《贵州省生态文明建设促进条例》第四十条制定的相关指标的约束性责任目标也可作为相关时期一些指标的生态底线值。

如《贵州省生态文明建设促进条例》第四十条规定：县级以上人民政府应当建立生态文明建设目标责任制，目标责任制主要包括下列内容：（一）水资源管理控制指标；（二）节能和主要污染物排放总量约束性指标；（三）森林覆盖率、森林蓄积量、森林质量、林地保有量、湿地保有量、物种保护程度指标；（四）重大生态修复工程；（五）资源产出率、土地产出率指标；（六）环境基础设施以及防灾减灾体系建设；（七）生态文化建设指标；（八）可再生能源占一次能源消费比重；（九）中水回用、再生水、雨水等非饮用水水源利用指标；（十）城乡垃圾无害化处理率、城镇污水处理率、城市园林绿化率指标；（十一）其他经济社会发展的生态文明建设指标。

3. 环境保护底线确定方法及依据

（1）底线值确定的方法。环境质量的底线是保障人民群众呼吸上新鲜的空气、喝上干净的水、吃上放心的粮食、维护人类生存的基本环境质量需求的安全线。

从污染的结果来看，污染主要是指大气污染、水污染，以及土壤污染。中国的污染物排放量仍然处在非常高的水平上，已经接近或者超过环境容量，在一些地方、在一些时间段，超过还比较多。如果没有环境容量这一控制指标，企业数量就会无节制地增加，即使单个企业污染物排放合格，所有企业累积的排污量也会让环境不堪重负，最终导致雾霾、水体污染等区域性环境污染事件，这正是中国许多地区面临的环境现状。底线值的倒逼，有利于改变这一困境。

环境质量底线指标值主要通过计算环境容量得到，计算的上限值也就是底线值。环境容量指在人类生存和自然生态不受危害的前提下，某一地区的某一环境要素中某种污染物的最大容纳量。污染物排放量一旦超过这一上限，各种环境问题就会显现出来。

环境容量的计算主要包括：大气环境容量的计算；水环境容量的计算；土地环境容量的计算。

通过对环境容量的测算核定，可以判断每一个流域、每个区域的开发强度和能源利用程度，并以此为基准，严格控制排放总量，以达到控制污染的目标。比如生态环境部门可以参考环境容量数据控制发放的排污许可证的数量，将该地区总的排污量控制在一定范围内。

（2）底线值确定的依据。2003 年 8 月，国家环保总局就已发布
《关于印发全国地表水环境容量和大气环境容量核定工作方案的通
知》，2003 年 12 月又发布《关于加强环境容量测算工作的通知》，
2004 年 11 月发布了《关于报送 113 个环境保护重点城市大气环境容
量测算结果的通知》。

专栏 1　环境容量的计算

（1）环境容量的计算

环境容量，是指某一环境区域内对人类活动造成影响的最
大容纳量。大气、水、土地、动植物等都有承受污染物的最高
限值，就环境污染而言，污染物存在的数量超过最大容纳量，
这一环境的生态平衡和正常功能就会遭到破坏。

一个特定的环境（如一个自然区域、一个城市、一个水体）
容量是有限的。其容量的大小与环境空间的大小、各环境要素
的特性、污染物本身的物理和化学性质有关。环境空间越大，
环境对污染物的净化能力就越大，环境容量也就越大。对某种
污染物而言，它的物理和化学性质越不稳定，环境对它的容量
也就越大。环境容量包括绝对容量和年容量两个方面。

绝对容量的计算：

环境的绝对容量（WQ）是某一环境所能容纳某种污染物
的最大负荷量，达到绝对容量没有时间限制，即与年限无关。
环境绝对容量由环境标准的规定值（WS）和环境背景值（B）
来决定。数学表达式有以浓度单位表示的和以重量单位表示的
两种。以浓度单位表示的环境绝对容量的计算公式为：

$$WQ = WS - B \qquad (6-1)$$

其单位为 ppm。例如某地土壤中镉的背景值为 0.1ppm，农田土壤标准规定的镉的最大容许值为 1ppm，该地土壤镉的绝对容量则为 0.9ppm。

任何一个具体环境都有一个空间范围，如一个水库能容多少立方米的水；一片农田有多少亩，其耕层土壤（深度按 20 厘米计算）有多少立方米（或吨）；一个大气空间（在一定高度范围内）有多少立方米的空气等。对这一具体环境的绝对容量常用重量单位表示。以重量单位表示的环境绝对容量的计算公式为：

$$WQ = M(WS - B) \qquad (6-2)$$

当某环境的空间介质的重量 M 以吨表示时，WQ 的单位为克。如按上面例子中的条件，计算 10 亩农田镉的绝对容量，可以根据土壤的密度，求出耕层土壤的重量（M 吨），并把它代入上式，即可求得。如土壤容重 1.5 克/cm^3，10 亩农田对镉的绝对容量为 1800 克。

年容量的计算：

年容量（WA）是某一环境在污染物的积累浓度不超过环境标准规定的最大容许值的情况下，每年所能容纳的某污染物的最大负荷量。年容量的大小除了同环境标准规定值和环境背景值有关外，还同环境对污染物的净化能力有关。若某污染物对环境的输入量为 A（单位负荷量），经过一年以后，被净化的量为 A′，（A′/A）×100% = K，K 称为某污染物在某一环境中的年净化率。以浓度单位表示的环境年容量的计算公式为：WA = K（WS - B）。

以重量单位表示的环境年容量的计算公式为：$WA = K \cdot M (WS - B)$。年容量与绝对容量的关系为：$WA = K \cdot WQ$。如某农田对镉的绝对容量为 0.9ppm，农田对镉的年净化率为 20%，其年容量则为 $0.9 \times 20\% = 0.18$ppm。按此污染负荷，该农田镉的积累浓度永远不会超过土壤标准规定的镉的最大容许值 1ppm。

环境容量一般可以分为以下三个层次。

一是生态的环境容量：生态环境在保持自身平衡下允许调节的范围。

二是心理的环境容量：合理的、游人感觉舒适的环境容量。

三是安全的环境容量：极限的环境容量。

生态底线的环境容量主要是指极限的环境容量。

（2）环境承载力的计算

"环境承载力"这一概念的思想前提是环境的"资源观和价值观"。环境作为一种资源，环境承载力包含了两层含义：一是指环境的单个要素（如土地、水、气候、动植物、矿产等资源）以及它们的组合方式（环境状态）的承载能力；二是指环境污染相对应的环境纳污能力即"环境自净能力"。因此"环境承载力"的科学定义可表述为：在某一时期、某种状态或条件下，某地区的环境资源所能承受的人口规模和经济规模的大小即生态系统所能承受的人类经济与社会的限度。这里"某种状态或条件"是指现实的或拟定的环境结构不发生明显不利于人类生存方向改变的前提条件；所谓"能承受"是指不影响环境系统正常功能的发挥。地球的面积和空间是有限的，它的资源是有限的，显然它的承载力也是有限的，因此人类的活动必

须保持在地球承载力的极限之内。

资料来源：

李源、应杰：《论物质平衡理论对经济和环境系统的影响》，《才智》2011年第28期；王如心：《三亚旅游生态环境承载力研究》，载《2016年环境科学学会学术年会论文集（第四卷)》，2016年10月14日；《国务院关于实行最严格水资源管理制度的意见》，《西部资源》2012年第1期。

4. 资源消耗上限确定方法及依据

底线值确定方法：资源消耗上限指标底线值可以通过计算资源承载力得到，也可以通过国家及贵州省相关规划目标值，特别是红线值得到。

在资源领域，国家及贵州省都有相应的约束性指标，这些指标的约束值，可作为相关指标底线值选取的重要依据。

如根据《国务院关于实行最严格水资源管理制度的意见》：水资源开发利用控制红线，到2030年全国用水总量控制在7000亿立方米以内；水效率控制红线，到2030年用水效率达到或接近世界先进水平，万元工业增加值用水量（以2000年不变价计，下同）降低到40立方米以下，农田灌溉水有效利用系数提高到0.6以上；水功能区限制纳污红线，到2030年主要污染物入河湖总量控制在水功能区纳污能力范围之内，水功能区水质达标率提高到95%以上。

再如，国家《循环经济发展战略及近期行动计划》确定的目标：国家计划在"十二五"期间将能源产出率提高18.5%，水资源和建设用地土地产出率均提高43%，主要再生资源回收率提高5个百分

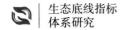
点。预计到 2015 年，工业固体废弃物综合利用率会达到 72%，单位工业增加值能耗较 2010 年下降 21%，对五成以上的国家级园区以及三成以上的省级园区实施循环化改造。

专栏 2　资源环境承载力的计算

资源环境承载力的提出，同资源承载力、环境承载力有着密切的内在联系。所谓资源环境承载力，是指在一定的时期和一定的区域范围内，在维持区域资源结构符合持续发展需要区域环境功能仍具有维持其稳态效应能力的条件下，区域资源环境系统所能承受人类各种社会经济活动的能力。资源环境承载力是一个包含了资源、环境要素的综合承载力概念。其中，承载体、承载对象和承载率是资源环境承载力研究的三个基本要素。

区域环境承载力。区域环境承载力是指在一定的时期和一定的区域范围内，在维持区域环境系统结构不发生质的改变、区域环境功能不朝恶性方向转变的条件下，区域环境系统所能承受的人类各种社会经济活动的能力，它可看作区域环境系统结构与区域社会经济活动的适宜程度的一种表示。

资源承载力是指，我们所生存的环境，当人类的活动在一定的范围内时，其可以通过自我调节和完善来不断满足人的需求。但当超过一定的限度时，其整个系统就会出现崩溃，这个最大限度就是资源承载力。目前，关于资源承载力要素系统的研究有：土地资源承载力、矿产资源承载力、水资源承载力等；关于环境承载力要素系统的研究有：大气环境承载力、水环境承载力、旅游环境承载力等。

资源环境综合承载力。资源环境综合承载力由一系列相互制约又相互对应的发展变量和制约变量构成。①自然资源变量：水资源、土地资源、矿产资源、生物资源的种类、数量和开发量；②社会条件变量：工业产值、能源、人口、交通、通信等；③环境资源变量：水、气、土壤的自净能力。计算资源环境综合承载力时可采用专家咨询法针对 5 个要素（大气、水质、生物、水资源、土地资源）分别选取发展变量和制约变量组成发展变量集和制约变量集，然后将发展变量集的单要素与相对应的制约变量集中的单要素相比较，得到单要素环境承载力，再将各要素进行加权平均，即得到资源环境综合承载力值。

资料来源：

王如心：《三亚旅游生态环境承载力研究》，载《2016 年环境科学学会学术年会论文集（第四卷)》，2016 年 10 月 14 日。

5. 生态保护红线指标值确定方法及依据

底线值确定方法：对于已有生态红线的底线指标，生态红线值应优先作为相关指标的底线值。

底线值确定的依据：《贵州省林业生态红线划定实施方案》确定的贵州省林业生态红线指标，及 2020 年目标。该方案共划定了 9 条生态红线，红线区域面积 9206 万亩，其中，林地 8891 万亩、湿地 315 万亩，总面积占全省土地面积的 1/3。该方案还对市、县（区）相关指标进行了任务分解，将这些分解后的生态红线数值作为底线值来进行考核。

另外，贵州省一些市、县（区）制定的生态红线值也可以作为

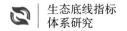

底线值的重要来源与参考。如《贵阳市林业生态红线划定实施方案（征求意见稿）》提出，以 2014 年底为数据基准年，以 2020 年为目标年，贵阳市拟定了市级 11 项红线内容和指标，具体为：林地保有量不少于 540 万亩，森林覆盖率达到 50%，森林面积保有量不少于 589.47 万亩，森林蓄积保有量不少于 2534 万立方米，公益林林地面积保有量不少于 382.57 万亩，湿地面积保有量不少于 24.05 万亩，石漠化综合治理面积不少于 202.5 万亩，物种保有量不少于现有保护野生动植物的种类和数量，古大珍稀树木保有量不少于现有古大珍稀树木的种类和数量，河流、水库第一层山脊或平地一公里内森林面积保有量不少于 100 万亩，自然保护区、森林公园、湿地公园面积占国土面积比例不低于 8%。显然，贵阳市相应生态红线的指标及目标也是届时的生态底线值。

二　空气指标底线值的确定方法及依据

PM2.5 含量、单位国内生产总值二氧化碳排放、二氧化硫排放、氨氮排放、氮氧化物排放等指标底线值的确定，主要依据《环境空气质量标准》（GB 3095 - 2012）。同时，要结合各地的环境容量计算，底线值不应高于环境容量计算的上限值，并随着环境的改善，进行调整。

为贯彻落实《中华人民共和国环境保护法》和《中华人民共和国大气污染防治法》，保护环境，保障人民群众身体健康，防治大气污染，2012 年环保部批准《环境空气质量标准》（GB 3095 - 2012）为国家环境质量标准。按有关法律规定，本标准具有强制执行的效力。本标准自 2016 年 1 月 1 日起在全国实施。

《环境空气质量标准》（GB 3095 – 2012）规定的主要标准见表
6 – 3、表 6 – 4。

表 6 – 3　环境空气污染物基本项目浓度限值

序号	污染物项目	平均时间	浓度限值		单位
			一级	二级	
1	二氧化硫（SO₂）	年平均	20	60	μg/m³
		24 小时平均	50	150	
		1 小时平均	150	500	
2	二氧化氮（NO₂）	年平均	40	40	
		24 小时平均	80	80	
		1 小时平均	200	200	
3	一氧化碳（CO）	24 小时平均	4	4	mg/m³
		1 小时平均	10	10	
4	臭氧（O₃）	日最大 8 小时平均	100	160	
		1 小时平均	160	200	
5	颗粒物（粒径小于等于 10μm）	年平均	40	70	μg/m³
		24 小时平均	50	150	
6	颗粒物（粒径小于等于 2.5μm）	年平均	15	35	
		24 小时平均	35	75	

表 6 – 4　环境空气污染物其他项目浓度限值

序号	污染物项目	平均时间	浓度限值		单位
			一级	二级	
1	总悬浮颗粒物（TSP）	年平均	80	200	μg/m³
		24 小时平均	120	300	
2	氮氧化物（NOₓ）	年平均	50	50	
		24 小时平均	100	100	
		1 小时平均	250	250	

续表

序号	污染物项目	平均时间	浓度限值		单位
			一级	二级	
3	铅（Pb）	年平均	0.5	0.5	$\mu g/m^3$
		季平均	1	1	
4	苯并［a］芘（BaP）	年平均	0.001	0.001	
		24 小时平均	0.0025	0.0025	

考虑到有些国家标准较低，贵州一些生态环境较高的区域，在设底线值时可适当提高。

例如，我国的 PM2.5 标准值为 24 小时平均浓度小于 75 微克/米³，然而，这一数值与 PM2.5 国际标准相比，还相差甚远，仅仅是达到世卫组织设定的最宽标准。世界卫生组织（WHO）认为，PM2.5 标准值为小于每立方米 10 微克。年均浓度达到每立方米 35 微克时，人患病并致死的概率将大大增加。而以世卫组织数据为准的话，PM2.5 国际标准分别为：准则值，24 小时小于 25 微克；过渡期目标 1，24 小时小于 75 微克；过渡期目标 2，24 小时小于 50 微克；过渡期目标 3，24 小时小于 37.5 微克。

三 水体指标底线值的确定方法及依据

1."万元工业增加值用水量"与"农田灌溉水有效利用系数"的底线值

根据《国务院关于实行最严格水资源管理制度的意见》：到 2015 年，全国用水总量力争控制在 6350 亿立方米以内，万元工业增加值用水量比 2010 年下降 30% 以上，农田灌溉水有效利用系数提高到 0.53 以上，重要江河湖泊水功能区水质达标率提高到 60% 以上；到 2020 年，全国用水总量力争控制在 6700 亿立方米以内，万元工业增加值用水量降低到 65 立方米以下，农田灌溉水有效利用系数提高到 0.55 以上，重要江河湖泊水功能区水质达标率提高到 80% 以上，城镇供水水源地水质全面达标。①

结合以上标准，可确定万元工业增加值用水量的底线值为："万元工业增加值用水量"比 2010 年下降 30% 以上、"农田灌溉水有效利用系数"的底线值为 0.53 以上。②

灌溉水利用系数的计算方式。灌溉水利用系数是指在一次灌水期间被农作物利用的净水量与水源渠首处总引进水量的比值。这一系数是衡量水利用程度的重要指标，反映了从水源地到田间过程中的利用效率，能够较为准确地评估灌溉工作的优劣，是引导节水灌溉工作健康发展的重要参考指标。

农田灌溉水有效利用系数 = 被农作物利用的净水量/总引进水量

万元工业增加值用水量的计算方式。工业增加值是指工业企业在报告期内以货币形式表现的工业生产活动的最终成果，是工业企业全部生产活动的总成果扣除了在生产过程中消耗或转移的物质产品和劳务价值后的余额，是工业企业生产过程中新增加的价值。增加值是国民经济核算的一项基础指标。各部门增加值之和即是国内（地区）生产总值，它反映的是一个国家（地区）在一定时期内所

① 《国务院关于实行最严格水资源管理制度的意见》，中国政府网，http://www.gov.cn/zhuanti/2015 - 06/13/content_2878992.htm。
② 《国务院关于实行最严格水资源管理制度的意见》，中国政府网，http://www.gov.cn/zhuanti/2015 - 06/13/content_2878992.htm。

生产的和提供的全部最终产品和服务的市场价值的总和，同时也反映了生产单位或部门对国内（地区）生产总值的贡献。[①]

万元工业增加值用水量(立方米/万元) = 工业用水量(立方米)/工业增加值(万元)

2. "化学需氧量排放"的底线值

化学需氧量 COD（Chemical Oxygen Demand）是以化学方法测量水样中需要被氧化的还原性物质的量。在对工业废水性质以及江河污染的相关研究中，以及在对污水处理厂的日常经营管理中，这都是一个非常重要的且能快速检测的数量指标，该指标通常用符号COD 表示。在河流污染和工业废水性质的研究以及废水处理厂的运行管理中，它是一个重要的而且能较快测定的有机物污染参数。测定方法：重铬酸盐法、高锰酸钾法、分光光度法、快速消解法、快速消解分光光度法。化学需氧量还可与生化需氧量（BOD）比较，BOD/COD 的比率反映出污水的生物降解能力。

"化学需氧量排放"底线值的确定，主要依据国家《地表水环境质量标准》（GB 3838 - 2002）、《地下水环境质量标准》（GB/T 14 848 - 1993）。

四 林地指标底线值的确定方法及依据

1. 森林覆盖率

森林覆盖率是指在一个国家或地区中，森林面积占土地总面积

---

① 贾淑琴：《从经济增加值、工业增加值看企业经营管理》，《中国新技术新产品》2011 年第 12 期。

的比例，该指标能够清晰地表明一个国家或地区内森林覆盖情况以及森林资源的丰富程度，在确定林地开发利用的方案时，这是一个非常重要的参考指标。

贵州省目前人均森林面积、单位面积蓄积在全国平均水平之下，到 2013 年，还有一半以上的县森林覆盖率在 50% 以下，破坏森林和野生动植物违法犯罪活动猖獗。宜林荒山，大多具有地块零星破碎、土壤瘠薄、造林难度大等特点。该指标有利于推动森林覆盖率较低的区域加强植树造林工作，推动贵州省实现预期森林覆盖率目标。

森林覆盖率(%) = 森林面积/土地总面积 × 100%

不同国家的森林覆盖率的计算采取不同的方法。如中国森林覆盖率系指郁闭度 0.2 以上的乔木林、竹林、国家特别规定的灌木林地面积，以及农田林网和村旁、宅旁、水旁、路旁林木的覆盖面积的总和占土地面积的百分比。

取值：各行政区不低于现有森林覆盖率水平，并按计划实现预期规划目标。其中，森林覆盖率较高的区域及轮伐林区可考虑实际情况。

有生态红线目标的区域，以生态红线为底线。县级以上人民政府依据《贵州省生态文明建设促进条例》第四十条制定的关于森林覆盖率的约束性责任目标也为相关时期的生态底线。

2. "森林蓄积量"的底线值

森林蓄积量是指在一定的森林面积上存在的林木树干部分的总材积。该项指标能够反映一个国家或地区内森林资源总量，并可据此判断森林资源的丰富程度以及生态环境的优劣。

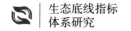
我国现在的每公顷森林蓄积量平均水平是世界平均水平的69%。中国政府提出，到2020年，与2015年相比，不仅森林面积要增加4000万公顷，而且森林蓄积量要增加13亿立方米。2005年时森林蓄积量是137亿立方米。第八次清查的结果表明，森林蓄积量已经达到了151亿立方米。

截至2013年底，贵州省森林蓄积量达3.81亿立方米。2014年国家林业局发布的有关数据显示，贵州省的森林蓄积量在全国排名已经达到了第14位。

（1）计算方式

①标准木法测定森林蓄积量方法。标准木法是在标准地中选取一定数量的标准木，伐倒后用区分求积的方法实测其材积，然后据此推算林分蓄积量。最常用的标准木法包括平均标准木法、径阶标准木法、径阶等比标准木法、等株径级标准木法和等断面积标准木法几种。这种方法在使用时必须伐倒一定数量的树木，工作量很大，所以为了减少工作量，可以用材积表的方法计算森林蓄积量。

②材积表法测定林分蓄积量方法。材积表法又分为一元材积表法、二元材积表法、三元材积表法、航空材积表法等几种。最常用的是一元和二元材积表。二元材积表是根据胸径和树高2个因子确定树干材积的数表。一元材积表一般是根据二元材积表推算出来的。因为一元材积表只测胸径不测树高，所以其广泛应用于大面积的森林资源调查之中。而二元材积表主要应用于单个林分的计算。自20世纪70年代遥感技术引进我国后，新的方法更加方便，但对于材积表的研究仍然非常多。如王丹对不同时期的一元材积表精度进行对

比后认为新材积表存在 55% 的树种材积偏高，小中高大径阶组材积偏高。这一结果和二类调查结果相对应，从而得出了材积表材积偏高将成为林分调查蓄积量偏高的主要因素之一。

（2）其他常规方法

①干距法。测量距标准场堤中心点最近几株树距离的方法，称为干距法。一般以测量 6 株为好，所以又叫作"6 株木法"。

②形高表法。M = HF × G；式中，HF 为林分形高，G 为林分断面积，M 为总蓄积。

③实验形数法。测知林分平均高和总断面积后，根据相应的平均实验形数，代入公式 $M = f_3 \times （H + 3） G$ 即可求出林分蓄积；其中，f_3 为平均试验形数，H 为林分平均高。一般的均方差通常在 4% ~ 6%。[1]

取值：根据贵州省生态红线值分解后的数值，或贵州县级以上人民政府依据《贵州省生态文明建设促进条例》第四十条制定的关于森林蓄积量的约束性责任目标为相关时期的生态底线；2021 ~ 2025 年：根据进展进行相应的调整。

3. "石漠化综合治理面积"的底线值

石漠化综合治理是生态建设工程中极为重要的一个环节，由国务院批准实施，按流域划分区块，通过多种手段恢复植被，建设水土保持设施，综合治理荒漠化，修复自然生态系统。

贵州地理位置特殊，地形地貌特色明显，分布着世界最大面积

---

① 程武学、杨存建、周介铭、周万村、刘悦翠：《森林蓄积量遥感定量估测研究综述》，《安徽农业科学》2009 年第 16 期。

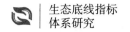
的喀斯特地貌，生态系统复杂脆弱，一旦被破坏就很难再恢复。目前，贵州省生态环境建设中存在诸多问题，尤其石漠化现象突出。因此，在生态评价方面，除考虑森林覆盖率、水土流失面积、湿地面积保有量、自然保护区面积占国土面积比例、物种数量、耕地保有量等具有普遍性的要素外，也需要考虑"石漠化综合治理面积"这一具有贵州特色的要素。

据《贵州省石漠化状况公报》介绍，贵州省石漠化土地中，轻度石漠化面积为 106.49 万公顷，中度石漠化面积为 153.41 万公顷，重度石漠化面积为 37.50 万公顷，极重度石漠化面积为 4.97 万公顷，重度和极度石漠化主要分布在安顺市、黔西南州、毕节市。近些年来，贵州省土地石漠化的扩展趋势虽然得到了遏制，但石漠化防治形势依然十分严峻。

计算方式：具体统计数据。

取值：根据贵州省生态红线值分解后的数值，或贵州县级以上人民政府依据《贵州省生态文明建设促进条例》第四十条制定的关于石漠化综合治理面积的约束性责任目标为相关时期的生态底线。

五 土地指标底线值的确定方法及依据

1. "基本农田数量"的底线值

基本农田，是指按照一定时期人口和社会经济发展对农产品的需求，依据土地利用总体规划确定的不得占用的耕地。"基本农田数量"指标的底线值主要采用各地土地红线标准。

2. "重金属污染面积"的底线值

对于重金属的严格定义，目前尚未有统一结论，但一般来讲，重金属指密度大于 $4.5 \mathrm{g/cm^3}$ 的金属，包括金、银、铜等，重金属对人体有害，积累到一定量后会造成慢性中毒。在环境污染中，一般指的是汞、铅、镉等生物毒性较强的元素。重金属不会被生物分解，反而会在食物链中不断积聚，直至进入人体。重金属在人体内的积聚会造成人的慢性中毒。"重金属污染面积"的底线值主要来源于各地的约束性指标值，并重点参考国家相关标准。

3. "单位工业用地产出率"的底线值

土地产出率是指单位土地上的平均年产值，用以反映企业土地利用效率。

"单位工业用地产出率"主要是依据各市、县（区）目前的状况作为底线，一般用相较基准年提高的百分比做底线值。原因在于不同区域的单位工业用地产出率差别极大。根据国土资源部发布的《国家级开发区土地集约利用评价情况（2012 年度）》，工业用地产出强度最高达 24 亿元/公顷，最低仅 26 万元/公顷，工业用地产出强度差距近万倍。评价结果显示，海关特殊监管区域用地效益最好，高新类开发区土地开发强度最高，经济类开发区土地管理绩效最佳。经济类开发区的工业用地产出为 10398.61 万元/公顷，高新类开发区为 15598.93 万元/公顷，海关特殊监管区域的工业用地产出达 20417.93 万元/公顷，是经济类开发区的近 2 倍，用地效益最好。①

---

① 《经济聚焦·新开局 看转变：供地将向战略新兴产业倾斜》，人民网，http://cpc.people.com.cn/n/2013/0110/c83083 - 20152717.html。

六 能源指标底线值的确定方法及依据

1. "能源产出率"的底线值

"能源产出率"是指一定范围内生产总值与能源消耗量的比值，用以反映单位能源内的产出情况。若该项指标越小，则表明能源利用效率越低。

计算方式：能源产出率（万元/吨标准煤）=生产总值（万元）/总能耗（吨标准煤）

取值：根据《循环经济发展战略及近期行动计划》确定的"十二五"时期循环经济发展主要指标（见表6-5），可确定"能源产出率"指标2015年的底线值为1.47万元/吨标准煤。

表6-5 "十二五"时期循环经济发展主要指标

指标名称	单位	2010年	2015年	2015年比2010年提高（%）
主要资源产出率提高	%	—	—	15
能源产出率	万元/吨标准煤	1.24	1.47	18.5
水资源产出率	元/米³	66.7	95.2	43
建设用地土地产出率提高	%	—	—	43
资源循环利用产业总产值	万亿元	1.0	1.8	80
矿产资源总回收率	%	35	40	[5]
共伴生矿综合利用率	%	40	45	[5]
工业固体废物综合利用量	亿吨	16.18	31.26	93.2
工业固体废物综合利用率	%	69	72	[3]
主要再生资源回收利用总量	亿吨	1.49	2.14	43.6
主要再生资源回收率	%	65	70	[5]

指标名称	单位	2010 年	2015 年	2015 年比 2010 年提高（%）
主要再生有色金属产量占有色金属总产量比重	%	26.7	30	[3.3]
农业灌溉水有效利用系数	—	0.5	0.53	6
工业用水重复利用率	%	85.7	>90	[>4.3]
城镇污水处理设施再生水利用率	%	<10	>15	[>5]
城市生活垃圾资源化利用比例	%	—	30	—
秸秆综合利用率	%	70.6	80	[9.4]
综合利用发电装机容量	万千瓦	2600	7600	192.3

注：1. 主要资源产出率的资源核算品种包括：3 种能源资源（煤炭、石油、天然气），9 种矿产资源（铁矿、铜矿、铝土矿、铅矿、锌矿、镍矿、石灰石、磷矿、硫铁矿），木材等。

2. 主要资源产出率、能源产出率、水资源产出率、资源循环利用产业总产值按 2010 年可比价计算。

3. [ ] 计量单位为：个百分点。

2. "可再生能源占一次能源消费比重"的底线值

一次能源包括化石燃料（如石油、原煤、原油、天然气等）、水能、风能、太阳能、核燃料、地热能、海洋能、潮汐能、生物质能等。一次能源可分为两大类，一类为可再生能源，包括水能、风能、太阳能等，另一类为不可再生能源，包括化石燃料、核燃料等。

可再生能源占一次能源消费比例是指，在所有一次能源消费中，可再生能源所占的份额。

计算方式：可再生能源占一次能源消费比重 = 可再生能源消费总量/一次能源消费总量

取值：理论上，"可再生能源占一次能源消费比重"的底线值应依据《可再生能源中长期发展规划》确定。《可再生能源中长期发展规划》提出，"充分利用水电、沼气、太阳能和地热能等技术成熟、经济性好的可再生能源，加快推进风力发电、生物质发电、太

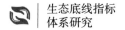

阳能发电的产业化发展，逐步提高优质清洁可再生能源在能源结构中的比重，力争到 2010 年使可再生能源消费量达到能源消费总量的 10% 左右，到 2020 年达到 15% 左右"。"可再生能源占一次能源消费比重"指标的底线值：2016～2020 年为"不低于 10%"；2021～2025 年为"不低于 15%"。①

---

① 《可再生能源中长期发展规划》，国家能源局网站，http://www.nea.gov.cn/131053171_152 11696076951n.pdf。

第七章

基于生态底线指标体系的
评估及考核

第一节　评估原则

一　"只能更好、不能变坏"原则

《中共中央 国务院关于加快推进生态文明建设的意见》提出，要"严守环境质量底线，将大气、水、土壤等环境质量'只能更好、不能变坏'作为地方各级政府环保责任红线"。① 因此，各指标的底线值及相关考核还应结合生态环境质量的现状。

二　理论结合现实原则

从理论上讲，选择生态底线指标阈值需要依据科学的计算，需要严守环境容量等科学标准，但考虑到一些开发区及建成区的生态环境已受到不同程度破坏，难以达到理论值的现状，选择生态底线指标体系，特别是确定具体的底线数值时，要尊重历史与现实，实事求是。既要进行科学的计算，找到理论上的底线，也要充分考量

---

① 《中共中央国务院关于加快推进生态文明建设的意见》，新华网，http://www.xinhuanet.com/politics/2015－05/05/c_1115187518_2.htm。

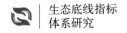
现实以及未来可实现或达到的目标。①

三　结合功能分区原则

要结合《全国主体功能区规划》与《贵州省主体功能区规划》，针对不同的功能区设定指标底线值。

《全国主体功能区规划》将我国国土空间分为以下主体功能区：按开发方式，分为优化开发区域、重点开发区域、限制开发区域和禁止开发区域；按开发内容，分为城市化地区、农产品主产区和重点生态功能区；按层级，分为国家和省级两个层面。②

《贵州省主体功能区规划》则将省域主体功能区分为重点开发区域（包括国家级重点开发区域——黔中地区、省级重点开发区域）、限制开发区域（农产品主产区）、限制开发区域（重点生态功能区）、禁止开发区域几种类型。

对于不同功能的区域，生态底线指标及底线值都应有所不同，应分别独立列表。

四　划类分层制定原则

一旦设定生态底线，对区域的生态保护就有较高及严格的要求，因此，对不同区域生态底线指标底线值的设定及要求应有所区别。

---

① 娄伟、潘家华:《"生态红线"与"生态底线"概念辨析》，《人民论坛》2015 年第 36 期。
② 《全国主体功能区规划》，中国政府网，http://www.gov.cn/zwgk/2011 - 06/08/content_1879180.htm。

应按照"生态红线控制指标值""生态底线控制指标值""生态底线发展指标值"分别设定生态底线考核路径。

"生态红线控制指标值"是指，在一个生态红线区域内，考核要依据生态红线指标及其底线值。

"生态底线控制指标值"是指，在一个市、县（区）中，那些生态环境较好，尚没有突破生态底线的指标，考核依据生态底线标准。该指标值一般作为"基准值"。

"生态底线发展指标值"主要是指，在一个市、县（区）中，那些已突破生态底线的指标，这些指标需要通过生态恢复，逐步达到底线以上标准。考核应设定达到底线的路线图或时间表。首先是把目前已突破底线的指标值作为目前的底线，不能再降低。其次是设定目标（理论上的）底线值，并确定达到底线"基准值"的时间表。

五 国家标准优先原则

在生态环境方面，国家相关部门已制定大量标准，贵州省生态底线考核指标的底线值应优先以国家的最低标准作为底线。同时，也应参考国内外生态人居、小康社会等社会类型的相关指标值，并结合贵州省各类规划的目标值，科学确定各个指标的底线值。

六 动态考核标准原则

理论上，经过科学计算的生态底线指标底线值应是一成不变的。但考虑到大部分指标的底线值并没有严格意义上的"标准值"，而是人为确定的，因此随着贵州省生态环境的改善，相应指标的底线值也应随着生态环境的变化进行适当的调整。当然，主要是往较高标准的底线值调整。一般应跟随规划进程，5 年一调整。比如，2016 ~ 2020 年的生态底线指标底线值，2021 ~ 2025 年生态底线指标底线值等。当然，绝大多数指标值的增加也不是无限的，到达一定数值后将固定下来。

第二节　评估方法的选择

一　评估模型

根据环境保护状态系统的特点，应选择适宜的评估方法，在守住生态底线政府管理绩效评估上，本研究采用指标量化的定量评估方法，即通过环境状态的测量值与底线值（目标值）的比较，来反映环境保护和生态建设的实际绩效。

与此同时，考虑到贵州省各行政区、各功能区的生态特点及环境初始状态的差异，其对评估结果的关联度亦非常大，因此需要引入历史的数据进行修正，通过历史基准值与环境状态现值的进一步对比，来更客观地反映环境质量的改善程度，从而较好地评估环境保护的状况，以及各地政府在底线思维下的生态建设方面的努力程度。[①]　该方

[①]　李萌：《基于环境介质的生态底线指标体系构建及考核评价》，《中国人口·资源与环境》2016 年第 7 期。

法模型如图 7 – 1 所示。

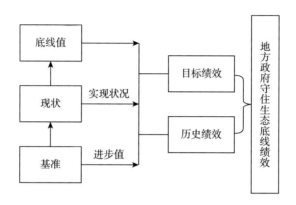

图 7 – 1　历史 – 底线（目标）评估法

二　数据无量纲化处理

上述"守住生态底线"绩效考评指标的赋值主要来自统计部门的统计数据，这些原始统计数据之间存在量纲不同，使指标间数量级存在明显差异，因此需要统一指标量纲和缩小指标间的数量级差异。

其一，对于指标数值与底线值对比的数据标准化，采用折线型无量纲化法进行处理。

对于正向指标，

$$t_{ij} = \begin{cases} 100 \\ \dfrac{\alpha_{ij} - \alpha_{\min}}{\alpha_{\max} - \alpha_{\min}} \end{cases} \qquad (7-1)$$

对于负向指标，

$$t_{ij} = \begin{cases} 100 \\ \dfrac{\alpha_{ij} - \alpha_{\min}}{\alpha_{\max} - \alpha_{\min}} \end{cases} \qquad (7-2)$$

其二，对于指标数值与基准年值对比的数据标准化，采用直线型无量纲化方法进行处理。

$$h_{ij} = \frac{\alpha_{ij} - A_{ij}}{(\alpha_{ij} - A_{ij})_{max}} \qquad (7-3)$$

式中，a_{ij}为贵州省j地区i指标的数值；A_{ij}为贵州省j地区i指标基准年的数值；$i = 1$，2，3，…，n：指标序号。[1]

三 权重的设置

建议通过两两比较法与专家打分法相结合，确定各指标权重。

首先要构造一个判断矩阵，之后进行层次单排序（相对权重）及其一致性检验，最后确定层次总排序（组合权重）并进行一致性检验。

第一步：一级指标的权重。

使用 1~9 的比例标度（见表 7-1），采用德尔菲法构造三个一级指标（命名为 B1、B2、B3）的两两比较判断矩阵。用和积法计算其最大特征向量 W =（W1，W2，…，Wn），并进行一致性检验。

表 7-1 标度的意义

标度值	意义
1	表示两个元素相比，具有同样的重要性
3	表示两个元素相比，一个元素比另一个元素稍微重要

[1] 李萌：《基于环境介质的生态底线指标体系构建及考核评价》，《中国人口·资源与环境》2016 年第 7 期。

标度值	意义
5	表示两个元素相比，一个元素比另一个元素明显重要
7	表示两个元素相比，一个元素比另一个元素强烈重要
9	表示两个元素相比，一个元素比另一个元素极端重要
2，4，6，8 为上述相邻判断的中值	

一致性检验需要首先计算最大特征根 λmax，然后求出一致性指标 $C.I.$，最后求出一致性比例 $C.R.$，具体公式如下：

$$\lambda max = \sum_{1}^{n} \frac{(BW)_i}{nW_i} \qquad (i = 1,2,\cdots,n) \qquad (7-4)$$

$$C.I. = \frac{\lambda max = n}{n = 1}$$

$$C.R. = \frac{C.I.}{R.I.}$$

其中，平均随机一致性指标 $R.I.$ 可查表获得（见表 7-2）。当 $C.R. < 0.1$ 时，一般认为判断矩阵的一致性是可以接受的。

表 7-2 Saaty 的随机一致性指标 $R.I.$

n	1	2	3	4	5	6	7	8	9	10	11
$R.I.$	0	0	0.58	0.90	1.12	1.24	1.32	1.41	1.45	1.49	1.51

第二步：二级指标的权重。

采用同样的方法，分别求出二级指标（按顺序命名为 C_i），C_1、C_2、C_3 之间的权重，$C_4 \sim C_{12}$ 的权重，$C_{13} \sim C_{20}$ 的权重。

第三步：计算综合权重。

层次权重合成计算并进行总层次一致性检验。

四　绩效等级鉴定

具体来说，结合绩效鉴定的优良、改善、恶化、极差四个基本等级，应先对单个指标状况进行鉴定。若守住评估值大于基准值且也大于底线值，则为优良；若评估值大于基准值但小于底线值，则该地区的生态状况正在逐步改善，保护和治理已有一定成效，则评定为改善；若评估值虽大于底线值但小于基准值，则各地区的生态环境正在恶化，继续发展，生态风险增加，相关工作绩效评定为恶化；若评估值小于底线值且小于基准值，则反映该地生态安全被破坏，环境恶化，工作绩效评定为极差。[①] 如表 7 - 3 所示。

表 7 - 3　绩效鉴定

指标评估	绩效鉴定	备注
$(a_{ij} > A_{ij}) \cap (a_{ij} > 0_{ij})$	优良	a_{ij} 为贵州省 j 地区 i 指标的数值；A_{ij} 为
$A_{ij} < a_{ij} < 0_{ij}$	改善	贵州省 j 地区 i 指标基准年的数值；0_{ij}
$(a_{ij} < A_{ij}) \cap (a_{ij} > 0_{ij})$	恶化	为贵州省 j 地区 i 指标的底线数值；$i =$
$(a_{ij} < A_{ij}) \cap (a_{ij} < 0_{ij})$	极差	$1, 2, 3, \cdots, n$：指标序号

然后，辨别指标中那些属于一票否决的指标，若存在极差的状况，则整个指标考核体系的综合评估为极差；若非一票否决指标的极差状况存在，则对指标进行综合评估，反映整个指标系统的综合状况。[②]

---

① 李萌：《基于环境介质的生态底线指标体系构建及考核评价》，《中国人口·资源与环境》2016 年第 7 期。

② 李萌：《基于环境介质的生态底线指标体系构建及考核评价》，《中国人口·资源与环境》2016 年第 7 期。

第三节　考核程序

运用生态底线指标体系进行相关工作绩效的考核，程序主要包括以下四个环节。

一　收集数据及被考评者自评

取得被考核地区的资源、环境及生态文明建设情况的工作成果，做好信息汇总，参与考核的信息数据一般应来自相关统计部门和监测部门、监测站。

同时，开展被考核者自评，被考核者需要完成一张特定的表格，在表格中写明考核完成情况以及与考核标准进行对比，还要完成自评意见。

二　指标的考核及分析评估

利用已搜集的信息，结合被考核者的自评意见，与考核标准进行比对，做出分析与评定，最终获得考核结论。

针对被考核地方政府"守住生态底线"绩效目标进行的核查，主要是政府作为及效果，用量化的设定指标确定客观性考核内容的具体情况。同时，对政府作为进行社会满意度调查，可参考第三方评价结果和民意测验结果。

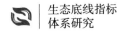

最后，对考核内容进行整合，计分与核算，需要考虑考核内容得分与额外得分以及考核预警分值，综合形成初步考核结果。

三　考核结果的沟通与反馈

破除传统的地方政府环境保护绩效管理中忽视绩效沟通的做法，加强考核结果的绩效沟通，可以及时发现环境保护方法存在的不足，还可以在政府与公众之间建立协商共赢的理性对话途径，发挥集思广益的优势，完善以评估促发展的环境保护绩效互动机制。

将指标核算和分析评估的结果通知被考核的地方政府，征询意见，便于针对评估中发现的问题，及时采取纠正措施，预防环境的进一步破坏和恶化。

另外，环境保护绩效评估结果向社会公布实质上也是地方政府向公众述职的过程，将评估结果进行公示，并收集反馈，通过公众的参与及协商，完善评估体系，更利于发现执行各阶段出现的问题，调整与改善政府公务人员的工作方式和工作效率。

四　考核结果的运用

在将指标评估写成正式考核结果，并报同级人大和上级政府的基础上，加强考核结果的具体运用。

一是对考核结果实行亮牌制，对考核结果为"优良"和"改善"的单位亮绿牌，考核结果为"恶化"的单位亮黄牌，考核结果为"极差"的单位亮红牌。

二是考核结果与相应的奖惩制度和晋升制度等挂钩，将其作为领导干部选拔任用及"五好"班子评选的重要依据。对于亮"黄牌"的市、县，除了对相关领导进行诫勉谈话外，相关领导三年内不得提拔重用。对于亮"黄牌"和"红牌"的市、县，还应根据具体情况追究相关领导的党纪法纪责任甚至刑事责任。

三是运用绩效结果进行人事调整，加快推进政府绿色 GDP 核算及生态文明建设责任体制机制改革，推进环境保护公职人员人事制度改革等步伐。①

---

① 李萌：《基于环境介质的生态底线指标体系构建及考核评价》，《中国人口·资源与环境》
2016 年第 7 期。

第八章

推进贵州生态底线指标体系应用的路径

第一节　凝聚思想共识

建议在会议安排、专家宣传、媒体宣传上对生态底线评价考核给予重点关注。

会议安排上，每年召开生态底线评价考核大会，总结上一年度成效，部署新一年度工作，重视将生态环境纳入政府绩效考核是中央关于生态文明强调经济、政治、社会、文化与生态环境的深度整合、"五位一体"的关键落实，营造绿色发展比学赶超的浓厚氛围。

专家宣传上，基于生态底线考核人才库，扩展评审团的职能范围。被列入人才库的人员担负着重要的责任，他们既是评审团候选人，又是宣传员，不仅要关注生态文明建设进展，而且要利用自身的平台向公众宣传生态文明建设情况。

媒体宣传上，运用报纸、电视等传统媒体和网站、微信等新兴媒体，开辟专刊、专题、专栏，建立新闻定期通报模式，常态化开展生态环境质量公众满意度调查，对生态建设政策进行全面解读，对生态建设事迹进行重点报道。

专栏1　以解决民生问题为导向的深圳生态文明建设考核指标

为满足广大市民对环境质量的知情权，深圳盐田区环保局在全市率先开发包括水、气、声、污染源、油烟等环境质量全部要素的 24 小时在线监测监控系统，特别是还有针对性地推出负氧离子在线监测，为市民科学锻炼提供引导，受到欢迎。顺应城市发展的需要和民生需求使得这项考核影响力得到了持续发挥。

深圳市委常委、组织部部长、生态文明建设考核领导小组组长张虎指出，要进一步细化完善考核指标，密切关注近年来深圳市生态文明建设过程中显现的新情况、新问题，使考核更加注重以解决问题为导向、向民生需求倾斜。

在考核实施过程中，深圳市逐年对考核内容、计分方式和权重进行调整和优化，实现指标设置动态化、科学化、精细化。为体现考核数据的准确性，从 2008 年起深圳在全国率先采用生态资源指数指标，运用卫星遥感影像数据解译技术及结果，客观评价各区的生态资源状况，提高了考核结果的说服力。

2012 年，我国新《环境空气质量标准》发布实施，公众对 PM2.5 强烈关注。同年深圳市环保工作实绩考核将公众密切关心的 PM2.5 纳入各区空气质量考核中。

为将深圳打造成为全国领先、具有国际水准的绿色建筑之都，从 2012 年起，考核增设了"绿色建筑建设情况"指标，对绿色城区、绿色建筑发展情况进行考核，促进绿色建筑的推广。

2014 年"5·11"暴雨引发了公众对深圳内涝问题的广泛关注，在 7 月召开的 2014 年度生态文明建设考核部署会议上即明确将城市内涝治理纳入考核内容。考核统筹考虑静态指标和动态指标的设置，力求更加科学。比如空气质量，不仅考核达标状况，也考核 PM2.5 污染改善情况，其中 2014 年度考核中 PM2.5 污染改善的目标值为 33 微克/米^3，与 2015 年全市 PM2.5 年均浓度目标要求一致，优于国家环境空气质量二级标准。

深圳的环保实绩考核和生态文明建设考核经过 7 年多的发展，考核指标已由设立之初的 8 个增加到了 2014 年的 20 个，由单纯局限于环保领域拓展到覆盖生态文明建设领域的各方面，涵盖了空气质量、水环境质量、生态资源、治污保洁工程、节能减排、资源综合利用、绿色建筑发展、生态控制线保护、生态破坏修复、排涝工程建设、宜居社区创建、生态文明制度体系建设、生态文化培育、工作实绩等多个方面，并采用公众对城市环境满意率对指标得分进行修正。同时，指标设置实现差别化，根据考核对象的不同，考核指标分为各区、市直部门和重点企业三大类。此外，公众满意始终是考核制度设计中的重要一环。

参加过考核专家组工作的杨小毛教授说，考核在指标设计上充分体现民生环境需求，在实施过程中不断扩大公众参与考核的广度和深度，力求考核成效与市民对环境的观感对接。而且，将市民反映强烈的问题纳入考核范围，有助于问题的解决。宝安区一位官员感慨地说："考核指标调整充分吸纳公众诉求，这给政府工作提出了更高的要求，虽然工作难度更大了，但做好了，会更有成就感！"

资料来源：

吕延涛、沈清华：《生态文明建设考核的"深圳模式"》，《深圳特区报》2014 年 12 月 10 日。

第二节　明确相关工作

贵州省在完善生态底线评价指标体系时，要科学应用"红线"与"底线"概念，建议关注以下几个方面的工作。

一是政策中明确区分相关概念。首先，要区分红线区与红线值的概念。红线区是指生态环境与资源红线所包围的区域。红线值是指一些生态环境与资源指标的阈值，受法律保护，考评红线区的具体指标值均属于红线值。对于非红线区，一些指标的值如果具有严格的政策法律约束力，也属于红线值。对于大量不属于红线的指标值，生态底线值也是重要的参考标准，相关指标的考核标准或发展目标一般不能低于底线值。其次，明确红线与底线的含义。在"资源消耗上限、环境质量底线、生态保护红线""划定红线、守住底线"等规划中，红线应具有空间与数值的双重含义，不能单独作为空间概念。而底线则很少用空间概念。

二是构建一体化的红线与底线考核机制。目前，国家已出台《生态保护红线划定技术指南》《党政领导干部生态环境损害责任追究办法（试行）》等政策措施，初步明确了红线的考核办法。一些地方也确定了红线考核指标及标准。但目前缺乏针对底线的考核机制，需要尽快完善。

尽管底线的范畴相对模糊，也是可以用来考核的，但需要与红线结合起来，构建一体化的考核机制。红线与底线一体化考核机制主要包括：第一，红线区考核。对于已划定的红线区，以不触犯红线作为重要考核标准。第二，对于非红线区，选择代表性且能明确底线值或底线目标的指标，作为考核指标。这时相应指标的底线值也就成了红线值。

三是同时开展"确定底线"与"划定红线"工作。在生态环境与资源领域，底线是一个区域划定红线区及确定红线值的重要基础。"确定底线"与"划定红线"是相辅相成的，各地只有准确摸清当地的生态环境与资源底线，才能划定红线区与确定红线值。

"确定底线"也是各地制定生态环境与资源发展目标的重要依据，从这个意义上讲，明确众多指标底线工作进展本身也应成为一项重要的考核标准。

比如，在环境质量方面，国家环境保护部多次发文要求各地测算环境容量（实际上就是环境底线），但很多区域相关工作进展缓慢。这些地区划定环境质量红线的工作缺乏科学的依据，也使"守住底线"成为一句空洞的口号。

四是把更多指标的底线逐步转变为具有政策法规约束力的红线。违反红线就是违法或违反政策，突破底线要受到自然的惩罚，但缺少约束力。

对于那些没有规定红线标准的指标，"守住底线"面临较大的不确定性，需要在完善底线指标体系的基础上，把更多重要指标的底线值变成红线值。环境与资源领域的指标较容易确定底线值与红线值，生态领域指标的底线则较难计算及统一标准，一般通过划定红线区来实现。①

---

① 娄伟、潘家华：《"生态红线"与"生态底线"概念辨析》，《人民论坛》2015年第36期。

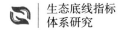
五是明确"底线/红线"考核机制与原有年度考核机制的关系。目前，林业、水资源、土地、能源等部门都有各自的年度考核目标及标准。再加上红线标准与底线考核，容易造成混乱。在考核相关部门时，需要明确它们之间的关系定位。

主要从两个方面理解。

第一个方面是环保、林业、土地、水利、能源等专业部门的考核。对各专业部门的考核要坚持"年度目标为准，红线与底线把关"的原则：部门相关指标目标高于或等于红线或底线的，以部门目标为准；部门相关指标低于红线或底线的，以部门目标为准，但限期达到红线或底线之上。

对于一些专业部门来说，例如林业、土地、能源、环保等部门，制定年度目标时应该重点参照红线与底线要求。各专业部门所确定的发展目标值或相关部门制定的年度目标值，按照常理应高于底线或红线要求，应追求更高目标，底线或红线主要具有政策导向意义。当然，也不排除一些区域由于生态环境破坏严重，把一些指标的底线值或红线值作为约束性目标或发展目标的情况。

第二个方面是对各地党政一把手或主要领导班子的考核。从各部门指标中选择关键指标，作为各地区主要领导的考核标准。基本原则是"不触犯红线，守住底线"。有红线标准的指标以红线标准作为考核标准；没有红线标准的指标，守住关键指标的底线是最低要求。如果一个区域的一个原本处于底线之上的关键指标跌至底线以下，不仅要追究相关部门领导的责任，也要追究当地主要领导的责任。①

第三节 建立支撑体系

为确保生态底线考核顺利开展，建议从资金、力量、平台等方面加强保障、加大支持。

在资金方面，建议设立生态底线评价考核专项资金，由省财政局分年度统一安排。生态底线评价考核专项资金分为运转资金和奖励资金两部分，运转资金主要用于生态底线评价考核办公经费、人员经费、培训费、专家咨询费、信息管理平台建设费等，奖励资金主要用于奖励生态底线评价考核中表现突出、排名靠前的优秀单位和先进个人。科学运用考评结果改进工作、追究责任，加大奖惩力度，把考核指标完成情况与干部使用紧密结合，与财政转移支付、生态补偿资金安排结合起来，实行"一票否决"，使生态底线、生态文明建设考核真正由"软约束"变成"硬杠杠"。②

在力量方面，建议成立生态底线评价考核人才库，主要包括考核人员和专家团队两部分人才。考核人员以日常工作人员为主，根据需要抽调部分专业技术人员。要优化配置、培养考核管理人才和专业人才。要定期邀请专家开展专业培训，建立具有专业水准的考

---

① 李萌：《基于环境介质的生态底线指标体系构建及考核评价》，《中国人口·资源与环境》2016 年第 7 期。

② 《让生态文明建设考核成为"硬杠杠"》，人民网，http://theory. people. com. cn/n/2015/1116/c40531 – 27818174. html。

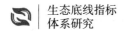
核管理人才培养制度。要建立考核专业技术人员构成制度，合理协调，形成良好工作环境和氛围保障考核技术人员组织的稳定性。

专家团队主要从高端智库、咨询机构中聘请，以委托形式开展评价考核工作。建立分领域、分层次的生态底线评价考核专家库，培养考核骨干，形成良好工作团队，广泛发掘专家队伍，建立一支稳定高效的专家团队，保障考核决策合理性和可行性。职责方面，专家应作为评审团成员参加考核，专家对各被考核单位绿色发展建设工作实绩及报告内容进行评议，提出专家意见。在考核过程中，专家不能受到外界因素的干扰，保证独立、自主地开展工作，以确保最终结果的科学合理性以及公平公正性。

基于生态底线考核人才库开展评审团队伍建设，逐步形成全方位、多层次、覆盖全面的专家学者团队，与环保监督员、市民代表等社会力量共同组成评审团。在人才库基础上培养一支稳定高效的评审团专家库，适时组织评审团成员到各地学习经验，不断提升评审团成员的专业素养与评审水平，对于连续担任三年以上且表现优异的评审团成员由市生态底线考核领导小组提出表彰，并通知评审团成员单位。

专栏2　深圳考核评审团机制

深圳生态文明建设考核年度评审会，主评审团由50人组成，他们是评审会的主考官，由来自全市的党代表、人大代表、政协委员、特邀监察员、生态环保领域专家、环保监督员、环保市民和各辖区居民代表组成，现场听取38个被考核单位生态文明建设工作实绩汇报，并现场打分。

考核活动虽然由官方组织实施，但主考官是由公众代表组成的第三方评审团担任，考核结果也通过评审团评审产生。主考官中立，考核过程透明，考核结果客观，是生态文明建设考核制度的最大特色和亮点。

深圳在全国首创生态文明考核现场评审会形式，现场数据采集，现场检查及资料审查、现场陈述、现场答辩、现场评审并现场公布分数。为充分体现民意，还引入第三方评审团制度。评审团坚持"多领域高标准选取、严格培训、严守承诺"的原则，由多方代表组成，体现了考核队伍的专业性和代表性。

多次亲历大考的考核组专家王勇军介绍说，深圳生态文明建设考核程序严谨，分为数据采集、现场检查及资料审查、现场陈述等多个环节。而考核指标资料来源于多个政府部门或委托第三方机构调查完成。

"在计算工作实绩评审得分时，借鉴了国际上竞赛活动的通用做法，去掉若干最高分和最低分。"这一程序设计最大限度地避免了人为因素对考核结果的干扰。

为最大限度地保证调查方式的随机性和调查结果的公平公正，公众对环境的满意率调查工作由统计部门组织实施，委托第三方进行调查，按照随机抽样的原则，采取入户调查和电话访问调查相结合的方式，通过问卷调查客观、真实地反映社会公众对其所居住区域环境状况的感受和评价。

资料来源：

吕延涛、沈清华：《生态文明建设考核的"深圳模式"》，《深圳特区报》2014年12月10日。

在平台方面，建议建立贵州省生态底线评价考核网，适时发布评价考核信息、解读评价考核政策、公布评价考核结果。依托现有的政府信息平台，建立大数据平台，汇集、管理各部门产生的海量信息，构建评价考核信息化数据资源共享平台，实现评价考核工作的科学化、规范化、智能化管理。充分运用大数据技术，加强生态环境监测等生态底线考核数据资源的开发与应用，为生态建设决策、管理和评价考核提供数据支撑。

建立信息管理平台，主要包括软硬件两方面：一方面依托已有信息共享平台开发考核管理专题模块；另一方面信息数据共享是平台建设的基础，信息是否完备决定了其所带来的节约成本、节约时间的效果。在基础信息共享的基础上，开发考核数据核算模块，将考核核算程序智能化。

专栏 3　贵阳"生态云"平台案例

为建成全国示范性的生态文明城市，建立较为完善的生态文明制度体系，贵阳正在实施生态文明建设与大数据融合项目。

按照建设生态文明示范城市的要求，贵阳将启动建设"生态云"平台，将水环境、空气环境、污染源、气象、水文、林业资源、湿地、地质灾害等数据汇聚到政务资源数据中心，形成支撑"生态云"的块数据，并形成与相关单位和部门的交换共享，建立集采集、分析、对比、预警和快速响应于一体的科学决策体系，以适应新时期生态文明建设的需要。

贵阳"生态云"平台项目，拟花三到五年的时间，整合已建的环境空气质量监测发布平台、贵阳市红枫湖百花湖水质在线监控平台、森林资源管理信息系统等一系列生态环境监测监控和数据管理的信息化平台，逐步建立和完善水环境、空气环境、污染源、林业资源、湿地等数据库、业务管理和应用系统，形成合理顺畅的工作机制，实现生态文明建设重点核心业务全面信息化，信息资源得到广泛交换共享、合理开发、深入挖掘应用，信息服务覆盖生态文明建设业务的全流程，实现业务工作的科学化、规范化、智能化、精细化管理，推进生态环境数据的应用和交换，推进生态治理体系和治理能力现代化。

目前，"生态云"平台（一期）项目已完成初步基础框架，计划到2017年建立覆盖市、县、乡三级林业部门的"生态云"计算平台，到2018年建立整合林业、城市绿化和环境保护相关数据库、业务系统的生态环保云平台，实现全市林业生态资源、城市绿地、水环境及空气环境等生态环境数据信息的融合、共享、交换和综合利用，并接入贵阳市政务数据交换共享平台。

贵阳市生态文明委按照生态文明建设与大数据深度融合的总体思路，将全市首个生态文明建设大数据试点选在乌当。乌当区试点采用"网格化布点多元数据融合时空数据分析"模式，对污染源周边的环境状况和老百姓身边的环境状况进行同步监测。大范围、全面性地布点，形成高密度、全面的污染物实时数据，经过大数据清洗、挖掘、分析，直接判断污染来源，追溯污染物扩散趋势，对污染源起到最大限度的监管作用，为环境执法和决策提供依据。

乌当区的试点工作已经在前期举行的贵阳国际马拉松赛场上

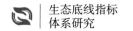
得到了验证，并取得了良好的效果。据项目负责人介绍，马拉松赛事期间，项目组在乌当区试点设置了 266 个针对大气环境、水环境、声环境等基础环境质量信息的在线监测点，进行全面、连续、有效的记录，为赛事提供了优良的生态大数据服务。

除此之外，以林业信息化为代表的大数据和大生态的完美融合，再一次擦亮了贵阳市发展与生态保护的名片。截至目前，贵阳已经建立起了森林防火应急指挥系统、森林资源调查管理系统、林地管理系统、林权管理系统等 23 个业务系统，数字林业建设取得了一系列成果，为"生态云"平台建设奠定了坚实的基础。

资料来源：

刘磊：《贵州"生态云"平台一期基础框架搭建完成》，《贵阳日报》2016 年 8 月 15 日。

第四节　完善保障机制

一　建立跨部门协调机制

生态底线的考核指标统计数据涉及多个部门，各部门需要相互协调工作，确保数据统一且具有高质量，并保证统计与检测活动能够顺利进行。建议成立各部门参与的交流协调机制，定期就相关数据进行沟通，改变部门的严重分割问题，能够将不同专题的统计整合在一起，使之达到协调和统一，提供全面而一致的统计与监测信息。

二 建立信息发布平台机制

基于统计部门数据库，加快建立一个与生态环境有关的常规统计数据的发布系统，确保信息公开透明，完善信息发布平台，及时、准确地向公众发布生态文明建设相关情况的统计数据与报告，强化政府环境保护工作绩效考核，充分尊重公民的知情权，畅通公众参与渠道。

三 建立监督的公共参与机制

一是推动公众参与到监督中来，定期公布监督结果，促使公众更大程度地参与；二是可以聘请专门的社会监督员，组建系统外力量的监督队伍，履行好监督职能；三是充分发挥社会非政府组织的作用，调动其参与到统计与监督的工作中来的积极性。

四 加强配套制度的建设

加快建立并完善追责制度，建立责任考核与问责体制机制，促进环境保护，坚守生态红线与底线。对于蓄意破坏环境、阻碍生态文明建设进程的领导干部，要明确地记录在案，终身追责，不得提拔升迁或转任其他重要职务，对已经调离的也要继续问责。对于推

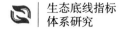
动生态文明建设工作不力的，要及时诚勉谈话，辅助改进；对罔顾生态红线与底线，为一时的经济增长而严重破坏生态环境的，要依法追究其相应责任，其主要领导负连带责任。

健全表彰奖励机制，依据考核结果，表彰对生态文明建设做出突出贡献的功能区、行政区、单位及个人。

第九章

进一步推进贵州生态文明试验区
建设的体制机制创新

生态文明建设是关系中华民族永续发展的千年大计。改革开放以来中国经济快速平稳发展，创造了惊人的发展奇迹，但在高速发展的背后，是日益严重的环境破坏问题，人与自然的矛盾日益突出，面对这样复杂的形势，必须遵循尊重自然、顺应自然、保护自然的原则，将生态文明建设融入经济建设、政治建设、文化建设、社会建设的各个方面，推进美丽中国建设，实现中华民族伟大复兴。

2018年3月8日，在十三届全国人大一次会议贵州省代表团团组开放日活动上，全国人大代表、贵州省委副书记、贵州省省长谌贻琴在接受媒体采访时说，这些年，贵州认真落实习近平总书记关于生态文明建设的系列重要指示精神，坚持生态优先、绿色发展，强力实施大生态战略行动，初步走出了一条用生态之美、谋赶超之策、造百姓之福的绿色发展新路。

贵州生态文明建设的主要做法总结为"四个两"：一是着力守住"两条底线"，二是着力践行"两山"理念，三是着力抓好"两源"治理，四是着力推进"两区"建设。贵州绿色的底色越来越厚重，生态文明的主旋律越来越响亮，正日益成为投资者创业发展的乐园、外地游客憧憬向往的公园、本地居民幸福生活的家园。

贵州生态文明先行试验区建设是一项战略任务，带有全局性、综合性的特点，关系经济社会发展的方方面面，必须加强组织领导，加快推进管理体制建设，完善相关法律体系建设，拓宽融资渠道，拓展公众参与渠道，加强合作交流。

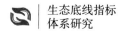
第一节　加强领导，提供组织保障

党的十八大以来，习近平总书记就生态文明建设提出一系列新思想、新论断、新观点，系统阐述和回答了什么是生态文明、怎样建设生态文明的重大理论和实践问题。习近平总书记的重要论述，站位全局、立意高远，内涵丰富、切中要害，充分彰显了我们党高度的历史自觉和生态自觉，表明了坚持不懈抓生态、抓环境的坚定决心和鲜明立场，为我们走向社会主义生态文明新时代，提供了根本遵循和科学指南。贵州大生态建设是一项综合性系统工程，必须切实加强组织领导，协调行动。建设美丽贵州，关键在党，关键在人，关键在各级领导干部。在深入推进生态文明建设中，如何让广大领导干部能够勇于担责、切实履责，充分发挥"关键少数"的关键作用，需要花更多功夫、下更大气力。

一　坚持明责为先，教育引导领导干部明确职责，自觉把责任扛在肩上

要让领导干部在生态文明建设、生态环境保护中履职尽责，首先要让领导干部有建设生态文明的意识、信念和能力。各级领导干部对保护生态环境务必坚定信念，坚决摒弃损害甚至破坏生态环境的发展模式和做法，决不能再以牺牲生态环境为代价换取一时一地的经济增长。经济要发展，生态文明也要加强建设，领导干部要下

定决心，实现为人民服务的承诺。推进生态文明建设，最紧要的是要有一种担当精神。当前，贵州的生态环境还没遭到很大程度的破坏，我们在稳增长的同时，更要注意保生态。生态文明建设的任务要真正落到实处，必须按照中央和省委要求，让各级领导干部从思想根子上重视起来，真正把责任担子挑起来。深入学习贯彻习近平总书记生态文明建设思想，推动各级领导干部深入学、反复学、持久学，悟深悟透其中的精神实质、精髓要义，切实解决思想上的疙瘩、认识上的困惑，真正掌握这一有力思想武器，自觉用以指导贵州生态文明建设的实践。着力提升领导干部推进生态文明建设的专业化能力，创新方法、拓宽渠道，分层分类举办各类培训班，综合运用现场式、案例式、研讨式教学等，努力让领导干部掌握新理念、新方法、新手段，真正具备推进生态文明建设的专业素养、专业知识和专业水平。

二 坚持考责为重，充分发挥考核"指挥棒"作用，推动领导干部把责任落到实处

能不能使领导干部在生态文明建设中担当作为、建功立业，关键还要有个好的考核机制。要完善经济社会发展考核评价体系，使其涵盖各项能够体现生态文明建设进展的指标。要强化对干部的考核奖惩力度，把生态文明建设的成效与干部的使用结合起来，不断加大推进绿色发展的力度，形成一些可操作性强的实施意见、推进办法和考核细则。我们要深入贯彻中央和省委部署要求，进一步调整完善考核体系，切实改进领导班子和领导干部考核工作。一方面，更加突出绿色导向。将生态文明作为政绩考核的"绿色标尺"，加大资源消耗、环境保护、安全生产等约束性指标的考核权重，统筹兼顾主体功能区定位发展，对一些生态功能区，实行生态保护优先的绩效评价，不简单考核地区生产总值、工业经济等指标。另一方面，更加突出综合分析研判。建立领导干部推动绿色发展实绩档案，全面准确记录重大事项决策和完成情况，建立多部门定期沟通机制，多渠道采集数据信息，定期研判发展中的"含金量"，使不易量化的"潜绩"转化为可评可比的"显绩"，作为选干部、用干部的重要依据。

三 坚持追责为要，以严格的追责问责，真正把领导干部的责任督查到位

生态环境搞得好，离不开各级领导干部；生态环境被破坏，也往往与领导干部失职、渎职有关。要建立责任追究制度，主要追究领导干部的责任，对那些不顾生态环境盲目决策、造成严重后果的人，必须严肃追责。我们要注重"三个强化"。一是强化党政同责。明确党委和政府对本地区生态环境和资源保护负总责，党委和政府主要领导成员承担主要责任，并结合贵州实际在追责情形中细化责任清单，把乡（镇、街道）党政领导成员也纳入直接适用范围。二是强化终身追责。破坏生态环境造成严重后果的，责任主体无论是否在位，都必须按照要求严肃追责。这些干部如果被提拔重用的，将对其选拔任用过程进行调查，并根据相关规定严肃处理。三是强化联动问责。新设一些程序性规定，对各职能部门间如何协作联动、查处问责进行细化，切实解决责任追究启动难、实施难等问题，确

保追责问责工作取得实效。

第二节　健全法制，提供法治保障

法治是治国理政的基本方式，建设生态文明离不开法治。依法治国是坚持和发展中国特色社会主义的本质要求和重要保障，是实现国家治理体系和治理能力现代化的必然要求。加快贵州大生态建设，需要用法治思维和方法，把经济社会和生态环境综合通盘考虑，加快确立生态文明重大制度，构建系统化、可操作的绿色发展制度。推进生态文明建设，必须要完善制度建设，实现国家治理体系和治理能力现代化，破解体制机制障碍。加快构建自然资源资产产权制度、生态红线制度、资源有偿使用和生态补偿制度，形成一整套系统完备的生态文明制度体系，对各类资源的开发利用行为要适当引导和约束，用规范的制度体系来保护生态环境。

一　健全生态文明建设相关法律法规

法律是治国之重器，良法是善治之前提。习近平总书记在贵州考察时强调："要把生态环境保护放在更加重要的位置，在生态文明建设体制机制改革方面先行先试。"生态文明建设，必须坚持立法先行，发挥立法的引领和推动作用，抓住提高立法质量这个关键。加快建立有效约束开发行为和促进绿色发展、循环发展、低碳发展的生态文明法律制度，强化生产者环境保护的法律责任，大幅度提高违法成本。建立健全自然资源产权法律制度，完善国土空间开发保护方面的法律制度，制定完善生态补偿和土壤、水、大气污染防治及海洋生态环境保护等法律法规。尤其要研究制定节能评估审查、节水、应对气候变化、生态补偿、湿地保护、生物多样性保护、土壤环境保护等方面的法律法规，修订土地管理法、大气污染防治法、水污染防治法、节约能源法、循环经济促进法、矿产资源法、森林法、草原法、野生动物保护法等。全面清理现行法律法规中与加快推进生态文明建设不相适应的内容，加强法律法规间的衔接。[①]

二　完善生态环境监管制度

在当前的经济发展阶段中，依靠目前的技术水平尚不能完全清除污染物，无法实现净"零排放"，但环境约束边界越来越明显，为了更好地解决突出环境问题，确保生态红线和底线不被突破，就要实行更加严格的污染物排放监管制度，有力打击环境污染行为。习近平总书记在贵州考察时强调："要因地制宜开展植树造林，加强石漠化和水土流失治理，减少化肥、农药等农业化学投入品过量使用，加快淘汰落后产能，加大污染防治力度。"完善环境管理体制机制和污染物排放许可证制度，严厉打击偷排、超排现象。对违法排污且造成或可能造成严重环境污染问题的，依法查扣排污设备。淘汰可能造成严重环境问题的落后产能，淘汰使用相关的工艺设备。

---

① 《制度建设是生态文明建设的重中之重》，人民网，http://theory.people.com.cn/n1/2016/1014/c40531-28777413.html。

三 健全生态保护补偿机制

党的十九大报告指出，"实行最严格的生态环境保护制度"。生态保护补偿机制奉行"谁污染，谁负责"的原则，对生态环境破坏案件，要明确责任主体，严肃处理。作为 7 个试点省市之一，2017年 11 月，贵州开展生态环境损害赔偿制度试点已满一年。这一年，贵州推出了许多创新举措，积累了丰富的经验。

贵州省于 2016 年 11 月印发《贵州省生态环境损害赔偿制度改革试点工作实施方案》。该方案指出，生态环境损害赔偿制度的建立，有利于明确责任主体，精准追查相关责任人，有效破解企业污染、公众受害、政府埋单的难题，让相关责任人承担起赔偿的责任，修复被破坏的生态环境。在时任贵州省环保厅厅长熊德威看来，这个方案的出台，对于弥补制度缺失是一场"及时雨"。

以往矿藏、水流、城市土地以及国家所有的森林、山岭、草原、荒地、滩涂等自然资源受到损害后，现有制度中缺乏对具体索赔主体、程序等的规定。企业违法之后会被追究行政责任，对公共环境的损害赔偿，却没有追究。

贵州省的试点工作启动后，通过案例排查，省环保厅得到了一条重要线索：2012 年底开始，息烽一家劳务公司在未办理任何手续的情况下，将一家化肥厂委托其处理的污泥渣运往大鹰田地块内倾倒，堆存了约 8 万立方米废渣。2016 年，贵阳市环保局对此立案查处。由于当时方案没有出台，贵阳市生态委只对其进行了行政处罚，生态损害赔偿程序一直未启动。

违法倾倒行为不仅对当地环境造成了污染，还造成生物量减少、景观消失、地下水补给功能减弱等生态环境损害。依据方案，污染者应当依法承担损害赔偿责任。

2016 年 11 月 14 日，贵州省环保厅委托贵州省环境科学研究设计院进行环境污染损害鉴定评估。评估报告计算了生态环境损害价值量，推荐了生态环境恢复方案。

2017 年 1 月 13 日，贵州省环保厅受贵州省政府委托，作为赔偿权利人与该劳务公司、化肥厂就该案生态环境损害赔偿事宜进行了磋商。2017 年 3 月 28 日，贵州省清镇市人民法院生态保护法庭向申请人送达司法确认书，通过磋商成功解决了这起生态环境损害赔偿案件，这也是全国首份生态环境损害赔偿司法确认书，大鹰田的生态恢复得以快速推进。

按照协议，该劳务公司和化肥厂需要承担 907.62 万元，这笔费用包括渣场综合整治及生态修复工程等费用 757.42 万元、前期应急处置费用 134.2 万元，以及环境损害鉴定评估费用 11 万元等。

修复为本，建立生态环境损害修复治理机制。"生态损害赔偿制度改革最大的意义是生态修复。"生态修复是核心，最根本的问题还是要将被破坏的生态环境恢复到以前的生态面貌与功能。

对于能修复的案件，由责任人根据磋商协议进行恢复，也可以选择货币方式支付。而对造成的损害不能修复的，责任人根据鉴定评估的结论直接以货币的形式赔偿。

贵州计划设立生态环境损害赔偿基金会，制定《生态环境损害赔偿基金管理使用办法》，加强基金会的资金管理，保证资金用于环境保护、生态修复相关领域，加强对基金会的管理。

此外，基金会还组织委托有资质的第三方技术单位进行生态修复。为规范基金会的运行，基金会必须接受省环保厅相关职能部门和法院的监督，确保生态赔偿和社会捐赠的资金真正投入生态恢复中去。

下一步贵州将大力推进生态环境损害鉴定评估能力建设，重点推动成立生态环境损害赔偿鉴定评估机构，加快成立贵州省生态环境损害鉴定评估专家委员会，力争尽快成立贵州省生态环境损害赔偿基金会。同时，加强生态损害赔偿制度改革的理论研究，围绕试点的主要任务，有针对性地组织开展专项课题研究。

四 健全政绩考核制度

建立体现生态文明要求的目标体系、考核办法、奖惩机制。把资源消耗、环境损害、生态效益等指标纳入经济社会发展综合评价体系，大幅增加考核权重，强化指标约束，不唯经济增长论英雄。完善政绩考核办法，根据区域主体功能定位，实行差别化的考核制度。对限制开发区域、禁止开发区域和生态脆弱的国家扶贫开发工作重点县，取消地区生产总值考核；对农产品主产区和重点生态功能区，分别实行农业优先和生态保护优先的绩效评价；对禁止开发的重点生态功能区，重点评价其自然文化资源的原真性、完整性。根据考核评价结果，对生态文明建设成绩突出的地区、单位和个人给予表彰奖励。探索编制自然资源资产负债表，对领导干部实行自然资源资产和环境责任离任审计。强调领导干部要对环保责任负有最大的担当，不仅要看有没有把经济发展起来，更要看发展的经济是否以牺牲环境为代价。各级组织部门在对领导干部进行考核、任免的时候，要严格按照生态红线要求，将离任审计结果作为各级党委、政府选拔任用领导干部的重要依据之一，归入相应领导干部的人事档案中。①

五　强化环境执法监督制度

党的十八大以来，中央加强了各地环保督察力度，派出中央环保督察组，对重点地区进行督导。但目前环境执法仍面临监督缺位问题，有必要全面落实主体责任，全面排查各种环境污染、生态破坏问题，不留死角，不存盲区，对各类环境违法犯罪行为"零容忍"，加大处罚力度。资源环境监管机构要保证执法的独立性，禁止任何领导干部违法违规阻碍执法行动。加大力度建设基层执法队伍，吸收专业人才提高执法能力，建设应急处置救援队伍。对于资源开发、旅游建设等活动要加大生态环境监管力度。

六　完善责任追究制度

习近平总书记在贵州考察时强调："以零容忍的态度严厉打击违法行为，牢牢守住贵州这片宝贵的生态环境。"建立领导干部任期生态文明建设责任制，完善节能减排目标责任考核及问责制度。严格

---

① 《中共中央 国务院关于加快推进生态文明建设的意见》，新华网，http://www.xinhuanet.com/politics/2015 - 05/05/c_1115187518_2.htm。

责任追究，对违背科学发展要求、造成资源环境生态严重破坏的要记录在案，实行终身追责，不得转任重要职务或提拔使用，已经调离的也要问责。对不顾资源和生态环境盲目决策、造成严重后果的，要严肃追究有关人员的领导责任。只要发生环境违法行为，对该违法行为负有立项、审批、监管职责的领导，无论行为发生时在什么岗位，即使已退休或转入其他岗位工作，一律追究其相应的法律责任。这种处分不应只是警告、记过等"毛毛雨"，而应以"降低职务、开除公职，甚至开除党籍"等处罚为主，情节严重的还需追究刑事责任，迫使领导干部提高环境保护决策的主动性和科学性。①

第三节　拓展融资，提供资金保障

一　完善市场化运作机制，拓展投融资渠道

调整财政投入结构和投入方式，充分发挥公共财政在生态建设和环境保护方面的引导作用。各级财政要增加对生态建设与保护的投入，将生态建设资金列入本级预算，加大对林、草、地、水资源建设及环境保护与监测等项目的投资力度。省内生态环境建设与保护资金、农田基本建设资金、生态公益林补助资金、水土流失治理资金与小流域治理资金等专项资金的使用与生态文明建设紧密结合

---

① 《制度建设是生态文明建设的重中之重》，人民网，http://theory. people. com. cn/n1/2016/1014/c40531 –28777413. html。

起来，对重点生态项目实行倾斜，合理安排使用。建立政府引导资金、政府投资的股权收益适度让利、公益性项目财政补助等政策措施，推动生态建设和环保项目的社会化运作。推进生态、环保项目的市场化、产业化进程，探索和推广林权水权转让、排污权交易、矿业权招标拍卖有偿使用等办法。建立和完善多元化的投融资渠道，鼓励不同经济成分和各类投资主体以独资、合资、承包、租赁、拍卖、股份制、股份合作制等不同形式参与生态文明建设。①

二　汇聚各方之力，筹集建设资金

生态建设的投资巨大，单靠国家财政难以全面覆盖，要鼓励地方、集体、个人多渠道筹措资金，积极参与国家生态文明建设。省级建设项目由省政府提供资金；地区性项目由市、县投入资金；小型的建设项目要依靠人民群众的资金投入或以工代赈。

各级地方政府对生态文明建设要有一个长远性的行动安排，在财政预算中要包含生态文明建设资金投入并且投入力度要与经济增长协同发展；国家安排生态环境建设的预算内基本建设资金、财政资金、农业综合开发资金、扶贫资金、以工代赈资金，在不改变管理渠道和方式的条件下，统筹安排，提高资金使用效益。银行要增加用于生态建设的贷款，并适当延长贷款期限。对以经济效益为主的项目，要按市场机制组织建设，通过市场筹集建设资金；积极引导鼓励工商企业、城镇居民、个体工商户等社会上各种投资主体以

---

① 胡长清：《生态文明的建设目标和政策措施》，《湖南林业科技》2008年第1期。

多种投资方式进行治理开发；积极争取利用外资，特别是争取世界银行贷款和外国政府贷款等优惠贷款资金用于生态建设。

第四节　依靠科技，提供技术保障

党的十八大把生态文明建设纳入中国特色社会主义事业五位一体的总体布局，提出建设美丽中国的全新理念，描绘了生态文明建设的美好前景，同时提出创新驱动发展。目前我国面临经济转型发展、经济结构优化调整的大背景，在此背景下推进生态文明建设更需要依靠创新思维来探索新的发展路径，依靠创新方法来更好地推进各项建设工作。生态文明建设需要科学技术的支撑，需要更先进的科技来解决重要的产业和民生问题，包括碳排放的减少，饮用水的安全等，可以说，生态文明建设对科技提出了更高、更严的要求，在当下，必须依靠科学技术的创新才能最终实现生态文明。

一　大力推进科技进步，积极推广先进适用的科技成果

生态环境保护工作的完善必须依靠科技进步。各类科技研究机构要围绕生态文明建设，对农业、林业等各个领域进行科研攻关，争取关键技术突破，同时，提升环境监测能力，加大技术推广力度，使各地均能用上先进的科学技术。加强农民的技术培训，使他们掌握一些生态建设方面的科技知识，促进水土保持、荒漠化治理等。各级地方政府要大胆创新，探索生态文明建设新路子，办好各类试

验、示范区。通过试验、示范区建设，及时总结推广成功的管理经验。建立健全和完善生态建设的技术服务和监测体系，为生态建设提供可靠的技术、信息服务；加强交流与合作，引进和推广国内外先进技术。成立省生态环境专家咨询决策机构，为生态建设工程提供咨询和评估，提供科学的决策依据。

二 走新型工业化道路，转变经济发展方式

抓住提高自主创新能力、加快科学技术进步两个关键环节，实现速度和结构、质量、效益相统一，经济发展和人口、资源、环境相协调，保持和增强发展的可持续性。借鉴先进国家经验，突出抓好企业引领创新。如法国拉法基集团将可持续发展作为企业的核心价值，不断改进水泥生产工艺和新产品研发，实现了每吨水泥 CO_2 排放量减少20％。英国石油公司威奇法姆油田在开发过程中以注重环保闻名于世，荣获"世界环境中心金奖"。要推广和普及节能技术，发展循环经济，促进资源循环式利用，鼓励企业循环式生产，推动产业循环式组合，倡导社会循环式消费，逐步形成节约型的生产方式和消费方式，努力做到以最小的资源成本获取最大的经济社会效益。[①]

三 用好科技创新利器，实现经济和环境的双赢

经济发展离不开科技创新和科技进步，环境保护同样需要科学

[①] 胡长清：《生态文明的建设目标和政策措施》，《湖南林业科技》2008 年第 1 期。

技术的支持，要加大生态文明建设力度，提高人民群众生态文明水平，必然离不开科技这个利器。在环境保护方面，有一些是无法单纯依靠法律、制度、政策等体制机制完成的，例如碳排放的减排，虽然政府可以依靠制定限行、禁行、淘汰排放量大的落后产能等政策来减排，但是，最终实现净"零排放"依然需要依靠科学技术的进步，锂电池的发展、风能水能的发展、污水处理设备的发展都离不开科技创新。加大对科技创新的资金投入，加快实现关键技术的突破，加速发展节能环保产业，这样才能有力地推进生态文明建设。

第五节　开展教育，提供素质保障

在全省范围内加大生态文明建设的宣传教育力度。最好的教育宣传要从小开始，编制生态文明相关书籍进入校园，倡导各个年龄段的孩子树立尊重自然、顺应自然、保护自然的先进理念，提倡人与自然和谐发展的正确价值观。倡导公众树立资源节约意识，全面建设资源节约型、环境友好型社会。各级各类研究中心、专家学者要加强对生态文明建设的理论研究，形成系统完整的生态文明理论，筑牢生态文明理论基础。要更好地利用各类公共宣传工具，包括电视、广播、互联网等广泛开展宣传教育活动与舆论宣传，加大生态文明知识的传播范围。拓展公众参与的机制，充分保障公众的知情权、参与权与监督权，使得相关决策更加透明化、科学化、民主化。

一 搭建宣传教育平台，培育生态文明建设意识

"知是行之始。"凡事只有认识到位，才能积极主动地朝着方向去行动，否则，就显得盲目、被动。首先，要在各电视、报刊、网络等媒体，广泛宣传绿色消费、生态人居环境等生态文明建设的有关知识，将生态文明理念渗透到生产、生活各个层面和千家万户，营造人人知晓、人人重视生态文明建设的氛围。其次，要抓好学校教育的环节，特别重视对青少年生态道德意识的培育和提高，将生态文明理念融入课堂教学。再次，倡导形成生态化的消费方式，变革人们的生态价值取向和消费方式，确立生态化的生活方式。通过倡导生态化的消费方式，形成既能满足人的消费需求又不对生态造成危害、既符合物质生产的发展水平又符合生态循环需要的可持续消费模式和习惯。最后，进一步办好生态文明贵阳国际论坛的相关工作。坚持向世界一流论坛看齐，坚持定点、定时、定品牌，尊重论坛举办规律，进一步完善论坛机制、改进方式，将论坛打造成为展示中国生态文明建设的国家窗口和贵州参与国际合作、扩大对外开放的高端平台。①

二 积极开展关于生态文明教育的研究

生态文明教育在价值取向、教育规律、教育内容、教育原则、教育途径和方法、教育模式、教育质量和效益、教育评价等方面均与现行教育有许多不同之处。许多理论上和实践上的问题，如生态

---

① 江川、王之明、黄文琥：《贵州生态文明建设现状与对策》，《中国环境监测》2014年第3期。

文明教育的理论基础、人的生态文明素质结构和能力结构、生态文明教育的具体内涵、生态文明教育的规律、生态文明教育与各级各类教育的关系、生态文明教育与素质教育等，以及生态文明教育包括的组成部分，如生态文明观念的教育、生态伦理道德的教育、生态法制教育、生态科学的教育、生态文明行为教育、生态文明实践教育和生态美育等，都亟待研究。

三　大力建设生态文明教育基地

生态文明教育不仅是生态文明观念的教育，更是生态文明建设创新精神和实践能力的培养。贵州可在现有环境教育基地的基础上进一步大力建设生态文明教育基地。教育部门、环保部门可联合工业、农业、旅游业和文化等部门，将在开展生态工业、生态农业、生态旅游、生态海洋建设、生态建筑以及生态文明宣传工作中做出突出成绩和贡献的单位建设成为生态文明教育基地，并由政府对建有生态文明教育基地的单位给予鼓励和表彰。

贵州大生态建设正在如火如荼地进行着，贵州发展生态经济大有可为，大有作为。生态经济具有永续性和长远性。"守住发展和生态两条底线"的最佳结合点就是要大力发展生态经济，让"生态＋"在一、二、三产业以及经济社会各领域得以充分运用、充分融合、充分彰显，努力让贵州绿水青山的资源优势转化为"金山银山"的生态经济和生态文明优势。在"守底线、走新路、奔小康"征程中，贵州人民将不忘逐梦初心、继续矢志前进，一起想、一起闯，撸起袖子加油干。一个百姓富、生态美的多彩贵州正向我们款款走来。

附　　录

附录一　指标选取和绩效评估的概念模型

（一）　主题框架概念模型

主题框架模型的思想来源于企业绩效管理中普遍使用的关键绩效指标法。关键绩效指标（KPI），又称主要绩效指标、重要绩效指标、绩效评核指标等，是衡量一项管理工作成效的指标。关键绩效指标法就是将对绩效的评估简化为对几个关键指标的考核，将关键指标当作评估标准，对绩效与关键指标做出比较的评估方法。

由于这是一种化繁为简的评估方式，因此指标的选取就很关键，其必须具体，可度量，数据或者信息可获得，绩效指标可实现。环境指标是一个集合的概念，其是由若干环境子系统构成的，而这些环境子系统又构成环境指标的不同主题。主题框架正是围绕不同的环境主题构建并据以选取指标的。同等级主题是一种并列关系，每一主题后由各种具体指标支撑，各种主题的具体指标形成环境总指标外延。

目前应用主题框架模型对绩效进行评估国内外均有涉及，且具体环境指标的选取也根据评估主题的特征而定。如国外耶鲁大学和

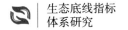
生态底线指标
体系研究

哥伦比亚大学进行环境绩效评估时，围绕两个基本的环境保护目标展开：一是减少环境对人类健康造成的压力，二是提升生态系统活力和推动对自然资源的良好管理。因此其指标框架主要包括两个主题，即环境健康和生态系统活力，在这两个主题下构建了共包括22项能够反映当前社会环境挑战焦点问题的具体环境指标。此外国内，中国国际经济交流中心与世界自然基金会共同研究、编制和测算中国省级绿色经济指标体系，其旨在科学认识绿色经济，倡导绿色经济理念。该指标体系具体包括三个主题：社会和经济发展、资源环境可持续和绿色转型驱动。其中社会和经济发展主题下包括人的发展和包容性发展两个副主题，资源环境可持续主题下包括自然财富与生态服务供给以及经济的资源环境需求两个副主题，绿色转型驱动主题下包括政府绿色引导、经济绿色转型两个副主题。而每个副主题下又衍生其他主题来表征副主题的特征。

主题框架的优点在于可以突出显示被评估对象所面临的主要环境问题以及所处的环境质量状态，避免指标设置中其他因素的干扰，其结论也有助于各类环境公共政策的制定。但缺点就在于无法有效标识环境问题的内部关系以及相互制约性和共存性。

1. 因果类框架概念模型

事物之间均存在直接或间接的因果关系，环境问题也不例外。环境指标选取的因果框架是基于环境问题的产生存在因果关系的判断而建立起来的。环境问题的产生和发展与人类的生产和生活方式的改变密切相关，因此在衡量环境问题以及环境问题指标选取的过程中应充分考虑社会、经济、文化与环境之间的因果关系，以科学的态度选择既能够反映环境问题污染现状，又能够体现其产生原因的指标。

2. PSR 模型

因果类框架模型可用 Pressure（压力）- State（状态）- Response（响应）模型来表示。该模型最初由 Tony Friend 和 David Rappotr 提出，用于分析环境压力、现状与响应之间的关系。20 世纪 70 年代，国际经济合作与发展组织（OECD）对其进行了修改并用于环境评估。这一框架模型具有非常清晰的因果关系，即人类活动对环境施加了一定的压力——压力指标，由于这个缘故，环境状态发生了一定的变化——状态指标，而人类社会应当对环境的变化做出反应，以恢复环境质量或防止环境退化——响应指标。

以 PSR 概念模型而选取的指标对应相应的环境问题，并形成三个具有因果联系的指标类型。

（1）压力指标表征人类活动对环境的影响，比如资源利用、物质消费以及生产活动对环境造成的破坏和扰动。

（2）状态指标表征特定时间阶段的环境状态和环境变化情况，包括生态系统环境的现状和变化等方面的指标。

（3）响应指标表征了人类活动对环境破坏所做出的响应，比如社会和个人为减轻、阻止、恢复和预防人类活动对环境所造成的负面影响所采取的一系列行动和措施。

该模型可用于一些具体问题的分析，比如：红树林的生态保护问题，人均 GDP、耕地面积、环境污染指标等作为压力指标体现其对红树林生态的扰动及破坏；红树林面积、覆盖度以及鱼类、贝类等指标可作为状态指标体现红树林生态现状；环保宣传、保护区人员数量、保护区面积等可作为响应指标体现为防止红树林生态恶化

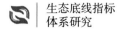
所采取的行动和措施。

目前许多政府和组织都把 PSR 模型作为用于环境指标组织和环境现状汇报最有效的框架，如联合国可持续发展委员会（UNCSD）、世界银行（WB）等。此外，PSR 模型也被广泛应用于生态系统健康评价、资源可持续利用等资源环境评价中的各个领域，成为资源环境评价中一种最常用、最有效的模型。

PSR 框架模型的优势非常明显，其在生态环境绩效评估过程中所选择的指标提供了一个清晰而又明了的概念模型，压力、状态、响应互为因果，而这三个环节正是决策和制定对策及措施的全过程。但是现实情况下，仍然存在一些问题，比如基于该模型的细分指标会发生重叠现象，前文所提到的红树林保护区面积既可作为压力指标也可作为相应指标。此外，PSR 框架模型是在构建环境指标时发展起来的，能够反映环境受到压力和环境退化时的因果关系，从而通过政策手段来保护生态环境，然而对于社会和经济类指标，压力和响应之间并没有本质上的联系。因此归类的重叠模糊性以及逻辑上适用的局限性限制了该指标的广泛使用。

3. DSR 模型

驱动力－状态－响应模型（DSR），是 1996 年联合国可持续发展委员会（UNCSD）提出的，是在 PSR 框架模型的基础上发展而来的。两个框架不同之处在于："驱动力"指标代替"压力"指标。驱动力指标是人类的活动、过程和形式对可持续发展产生的影响，这种替代的原因主要是考虑到人类活动、过程和形式对可持续发展的影响，"驱动力指标"可以描述人类生产技术活动、社会变迁以及人口结构改变等导致的人类生产生活方式的变化所引起的环境改变，这样就能够规避逻辑上适用的局限性，该模型的指标包括 4 个方面：社会、经济、环境和制度。

4. DPSIR 模型

驱动力 - 压力 - 状态 - 影响 - 响应模式（DPSIR），是 1999 年欧洲环境署（EEA）提出。驱动力指社会人口统计学和经济学的发展及相应的生活方式和消费、生产形式的变化；压力描述的是有关化学和生物机构的运营和排放，以及土地和其他资源的使用状况等信息；状态描述了特定区域和特定时间内的物理、生物和化学现象的数量和质量；影响提供了影响上述环境因素变化的数据；响应涉及政府、制度、人群和个人为防止、减少、减轻和适应环境变化而采取的对策。其将"影响"从"状态"中分离出来，以更清晰的方式显示环境的变化与人类生活的强相关性"影响"。此模型对于描绘环境问题的起源和结果之间的关系更为成功、有效。

（二） 投入 - 产出概念模型

1. 投入 - 产出概念模型的流派

投入 - 产出概念模型是基于经济学的模型构建起来的。20 世纪 30 年代，经济学家 Wassily Leontief 提出了反映经济系统各部门产品流向和数量关系的表格，称为投入产出表。投入产出表是将各部门投入和产出汇总在一起的棋盘式表格。投入产出分析法则是利用经济学原理，根据投入产出表的平衡关系构建投入 - 产出模型，并广泛应用于各个领域，比如环境学领域。在环境学领域中，投入 - 产出模型所体现的生产和消耗的联系，可以较好地与环境学分析目标衔接，从而探讨资源流动、环境责任转移、部门分类控制等问题，在环境学领域得到了广泛应用。通过投入产出分析方法，将环境、能源、经济以及其他因素之间的关系通过投入产出表展现出来，在扣除其他一切资源与环境成本后得到经济发展的真实结果。

此模型从发展演变历史来看，共有 3 类流派。

（1）常规循环型。考虑了家庭消费，用于分析商品流和服务。

（2）物料和能量平衡模型。于 20 世纪 70 年代发展起来，它衡量从商品的生产和使用一直到对环境的废物排放的这个过程中，物料和能量的投入。此类模型是在克服对常规模型的 3 点批评意见的基础上发展起来的，即常规模型忽略了所有能量和物质的流动，忽略了支配这些物流最基本的物理规律，也忽略了资源同生态系统的结构和功能之间的关系。

（3）损耗 - 污染模型。目前，在经济学模型中处于主流地位。它通过分析对资源某个方面的"提取"和对其他方面"残留"的排放，将循环经济系统（包括工厂生产和家务活动在内）同自然生命支持系统（包括空气、水、野生动植物、能量、原材料和其他环境要素）关联起来。

真实进步指数（GPI），联合国统计局的综合环境经济核算体系（SEER）等是这种指标框架模式的典型代表。其中：真实进步指数代表了常规循环模型；荷兰国立公共健康与环境保护学院提交给联合国环境署报告的概念框架代表了损耗 - 污染模型；德国 Wuppertal 气候、环境与能源研究所的"单位服务物质输入"的框架以及"可持续进程指数"等代表了物料和能量平衡模型。国内蒋洪强、牛昆玉、曹东等通过构建环境经济投入 - 产出模型，定量研究淘汰落后产能对我国经济发展的影响，并根据结果提出了污染减排措施。

投入－产出概念模型能够系统地展现环境与其他系统之间的联系，其定量分析方式能够清楚地显示环境资源的投入与各种产品服务产出之间的数量关系，为环境保护政策制定提供了数据支撑。但是由于投入－产出模型考察的是某一时期的投入产出效率，因此动态性不足。

2. IOOI 框架模型

投入－产出－结果－影响框架（IOOI 框架）：2005 年，欧洲环境署在投入（Input）、产出（Output）等经济学框架外，提出用项目周期框架来构建项目层级，增加结果（Outcome）以及影响（Impact），最终形成 Input－Output－Outcome－Impact（IOOI）框架。

在欧洲环境署的 IOOI 框架中：投入（Input）是指为履行职责所做出的所有支出；产出（Output）是指投入所取得的成效，包括产品和服务；结果（Outcome）指在测量周期内就能测量的效果（如污水处理厂日均污水处理量）；影响（Impact）指取得的中长期效果（如污水有效处理对区域水质提升及公众健康的影响）。

整个框架的设计，对输入端以及输出端都做了大量的考虑，既体现了短期的利益也对长期愿景做了规划，但是需要注意的是，从投入到产出，从过程到影响都需要较长的时间。如何把握好这两个过程中的不一致性对环境绩效结果最终的影响，是值得重视的问题。

（三）三成分模式模型

社会、经济和环境是可持续发展密不可分的 3 个组成部分，即

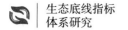

所谓的三成分。

这种模型不是基于一个连续的概念框架建立起来的，而是汇集了一系列反映不同领域的主题指标，而且这些指标之间一般并不互相联系，体系较为庞大。

三成分模式得到了很多可持续发展研究机构以及政府的认可。这种模式的典型例子如：美国 Oregon – Benchmarks 指标体系。为了应对快速的移民潮和随之而来的对土地、水、空气、基础设施和政府服务方面造成的巨大压力，俄勒冈州议会在 1989 年成立了发展委员会，以建立与州繁荣发展战略规划相一致的可以测量的目标。1991 年，该委员会发布了《俄勒冈州基准》（*Oregon Benchmarks*），这是第一个被州议会采纳的用来监测一个州完成战略目标进度情况的可测量的指标项目。

这些标准被分为与人、生活质量和经济发展相关的三个方面，涵盖了社会、经济和环境三个层面，总共包含了来自政府官方记录和定期调查数据的 259 项指标。评价标准仅仅评价效果或成就（如成年人识字率），不包括付出的努力或过程（如用于识字教育的花费）。这些标准同时也正在被州的相关机构开发以便于特定的县和区域的使用。另外，还建立了位于波特兰州立大学的人力投资伙伴项目（Partners for Human Investment），该项目旨在教育俄勒冈人有关这些标准的知识以及如何实施它们。这些标准现在每两年发布一次，作为州政府及更高级别机构制定机构目标的参考，在制定财政预算时辅助确定发展重点和分配资源，并提供一把标尺来考评政府的表现。

此外，加拿大 Alberta 可持续性指数、可持续的 Seattle 指标体系等均应用了三成分模式。

这种模式最大的优点在于其考察的范围广泛，选取的指标也覆盖社会、经济、环境三个方面，但是这些指标只是揭示了更大社区的一个缩影，因此尚未反映其间的因果关系。

（四）　人类－生态系统福利模型

人类－生态系统福利模型的提出是为了将系统思想应用于维持和改善人类与生态系统福利的指标。这种模式有 4 类指标：生态系统指标（用于评估生态系统的福利）；相互作用指标（用于评估人类和生态系统界面处产生的效益和压力流）；人口指标（用于评估人类福利）；综合指标（用于评估系统特征，以及为当前和预测分析提供综合观点）。

这种模式的原形是加拿大国际环境与经济圆桌会议（NRTEE）的可持续发展指标体系。可持续性晴雨表（Barometer of Sustainability）指数是应用这种模式的一个例子。可持续性晴雨表将人类福利与生态系统福利看作同等重要。以人类福利和生态系统福利主要特征为测量中心，筛选符合特征的主要指标，集成相应指数，以一种结构化的分析图表予以分析。可持续晴雨表的应用过程则包括确立指标体系、指标标准化、指标合成三部分内容，最为关键的是指标合成，最难的是确立指标体系。

人类－生态系统福利模型特殊之处在于将人类福利和生态系统福利平等对待，此种模型在研究地域和尺度方面（比如从微小的地方尺度到宏观的全球尺度），并未有何种限制，可适用于各地域、各

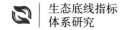
方面的可持续性研究。

参考文献：

徐娟：《可持续发展指标体系的评价与创新的可能途径》，云南师范大学硕士学位
　　论文，2005。

大卫·萨维茨基、帕特里斯·弗兰、单习章、袁媛等：《社区指标——文献综述、
　　概念和方法问题评述》，《国际城市规划》2012 年第 2 期。

附录二　关于生态环境与资源领域"底线"
与"红线"的辨析

　　目前，在生态环境与资源领域，红线与底线概念属于热点，但
在理解上也出现了多元化。在学术研究方面出现多元化有利于加深
相关认知，但如果在政策法规方面出现多元化则会带来一些混乱。
厘清这两个概念之间的关系，有利于各地避免政策法规制定中出现
混乱，从而有利于更加科学地推动生态文明的进程。

（一）"底线"与"红线"认知的多元化

　　在生态环境与资源领域，对"红线"的理解主要有以下几种。
　　一是把红线看作一个空间概念。根据环境保护部印发的《生态
保护红线划定技术指南》，生态保护红线是指依法在重点生态功能

区、生态环境敏感区和脆弱区等区域划定的严格管控边界，是国家和区域生态安全的底线。

二是把红线看作一种警戒数值概念。这种观点认为红线是具有法律约束力的数值，突破红线的数值，就要受到政策法律的惩罚，最典型的就是可耕地数量红线。红线是一种警戒值，防止到达或突破底线。

三是把红线看作笼统的政策约束力。对于一些政策法规禁止的行为，人们一般也泛称"政策法规红线"，既包括具体的空间与数值概念，也包含一些制约人们行为的规定。

在"底线"的理解方面，主要观点有三种：一是把底线看作一种相对模糊的目标诉求，生态环境保护的底线是不影响人们的身心健康，资源利用的底线是不突破资源上限。二是把底线看作一种数值概念，需要有明确的标准。三是把底线作为空间概念来理解。其中，武汉市法制办发布的《武汉市基本生态控制线条例（征求意见稿）》具有典型性。根据该条例，武汉市基本生态控制线分为"生态底线区"和"生态发展区"。这里的"底线"就接近《生态保护红线划定技术指南》所界定的"红线"概念。

在"红线"与"底线"关系方面，主要有两种观点。

一种观点是把红线等同于底线。目前，社会各界持"底线就是红线"观点的人较多，一些政策文件也基于此观点提出了政策规定。如《关于加快推进生态文明建设的意见》提出，要求严守资源环境生态红线，设定并严守资源消耗上限、环境质量底线、生态保护红线。这种并列提法实际上就是把底线等同于红线，只是应用领域不同。从字面上理解，由于一个地区的环境最大容量可以客观地计算

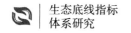

得出，因此，环境质量一般同"底线"概念相连。同样，一个区域的资源承载力也可以计算出来，最大承载力就是"上限"。而生态保护则是通过划定不可逾越的保护范围（"红线"）来实现相关部门人为确定的保护范围及目标。

另一种观点认为红线不同于底线。这种观点认为红线是受法律保障的空间概念或数值，而底线是经过科学计算得到的数值，或者是一些不具备法律约束力的目标诉求，属于学术概念。二者的区别在于，突破红线属于违法，突破底线则要受到大自然的报复。

代表性的提法就是"划定红线，守住底线"。这里的红线有两种理解：一是把红线看作空间概念，划定地理意义上的红线区，目的是守住生态环境与资源底线；二是把红线理解为预防突破底线的警戒值。

实际上，红线与底线的关系非常复杂，从数值角度来看，有时红线就是底线。但从政策法规角度来看，二者又是不同的。因而，不能笼统认为二者是相同的，或者是不同的。

但一些地方在政策法规的制定及实践中，并没有明确区分底线与红线，应用得比较混乱，这给生态环境保护与资源节约工作带来一定的困扰。亟须准确界定红线与底线的概念及相互关系，规范其使用。

（二）关于"底线"与"红线"关系界定的思考

要科学界定生态环境与资源领域的"底线"与"红线"，需要参考传统意义上的政策法规与伦理道德的关系。

在现实生活中，政策法规的规定就是红线，而伦理道德的要求则是底线。两者的关系非常复杂，既有联系，也有区别。伦理道德底线与法律红线的相连之处主要有两点：一是"不触及政策法规红线"是伦理道德底线的一条重要标准。政策法规禁止的行为，也大多是伦理道德不允许的行为。二是两者可以转换。如果一项伦理道德不允许的行为比较重要，也可以及时升格为政策法规。两者的不同之处也主要有两点：一是两者并不是完全的包容关系。伦理道德底线涵盖范围要广泛得多，违反道德底线不一定违法。当然，在特定条件下，违法也不一定违反道德。二是两者的处罚措施及确定性不同。触及政策法规红线，就要受到法律或行政手段的处罚，因而，相关标准必须非常明确。而违反道德底线，则主要受社会舆论的谴责，但一些道德指标很难量化，比如"孝敬父母"指标。

从以上分析可以看出，红线与底线不是等同的关系，从广义上看，两者属于一种相互包含的关系，底线包含了红线。红线是用政策法律手段规范底线中的重要内容，区分二者的主要标准是看是否触犯政策法规。

基于这种理解，就可以明确界定生态环境与资源领域的"底线"与"红线"的概念及相互关系。

生态环境与资源领域的"红线"是指为保护生态环境及资源，政策法规所规范的空间或数值，包括红线区与红线值。在红线区中，红线属于空间概念。在红线值中，红线属于数值概念。无论是红线区或是红线值都具有政策法律效力。

生态环境与资源领域的"底线"是指生态环境及资源能承受的最大值，是基于科学计算得出的数值。从理论上讲，底线也应包括

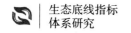
空间概念与数值概念。但由于每个区域都应守护生态环境与资源的底线，每个区域都属于生态环境与资源底线区，一些生态环境被破坏严重的区域，则属于生态底线发展区。

在"红线"与"底线"的关系方面，二者既有区别，又有联系。在生态环境与资源领域中，"底线"与"红线"的区别主要体现在以下几个方面。

首先，从约束力角度来看，红线是政策法规概念，底线是伦理道德概念。对于作为空间概念的"红线"，红线内的生态环境与资源受政策法规的严格保护。对作为数值概念的"红线"，红线值也被政策法规明确下来，超过红线就会受到政策法规的制裁。而底线值主要是通过计算资源承载力与环境容量来确定，是不能超过的，最后的界限，超过底线将严重影响人们的健康及生活质量，制约社会的可持续发展。

红线的标准要非常清楚地明确，这是政策法规需要执行的要求。而底线既可以是明确的底线值，也可以是相对模糊的目标诉求。

其次，从执行的角度来看，红线是刚性的，而底线则有一定的弹性。红线一旦划定，就必须执行，没有变通的余地。而底线则要考虑现实与发展情况，有一定的弹性空间。

从理论上讲，确定生态环境与资源指标的底线值需要严守环境容量等科学标准，但考虑到一些开发区及建成区的生态环境已受到不同程度破坏，难以达到理论值的现状，确定具体的底线数值时，要尊重历史与现实、实事求是。既要进行科学的计算，找到理论上的底线，也要充分考量现实以及未来可实现或达到的目标。

对于一些能准确计算出底线值的指标，如一些环境指标，底线值相对固定。而对于难以给出统一标准的生态与资源指标，则需要结合各地的实际情况，确定底线值。这就导致一些指标的底线值是逐步发展的，当然，这些底线值也不是无限提高的，在到达一定值后，就相对固定下来。

在生态环境与资源领域中，"底线"与"红线"的联系主要体现在以下几个方面。

首先，在"红线"作为空间概念的背景下，划定红线区是保护一个区域生态环境与资源底线的重要手段。整个国家都应守住生态环境与资源的底线，因此，每个区域都应看作底线区。但由于很多区域需要开发建设，只有少量区域才能被划为受政策法规严格保护的红线区，限制开发或禁止开发。在划定的红线区，水、土地、森林、能源等资源的开发利用都受到严格的保护，其目的就是严守该区域的生态底线。

其次，在"红线"作为数值概念的背景下，底线是确定红线的重要基础。由于底线一旦被突破，局面将无法挽回，需要利用政策法规予以保障。具有政策法规的约束力后，底线也就成了红线。生态环境领域一般应选取其承载力的极限值作为红线，资源一般选取其上限作为红线。但由于底线一般具有一定的弹性，在一些生态环境保护与资源利用状况较好的地区，一些指标的底线标准相对较高，红线也相应较高。而对于一些生态环境破坏严重与资源利用状况较差的地区，一些指标底线与红线也可以在一个时期内采取"只能更好、不能变坏"的标准。但无论哪种情况，底线值是确定红线值的重要基础。人们常说的红线就是底线，主要就是基于这种状况。

如同伦理道德的要求高于法律的要求一样，底线的标准一般要

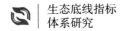
相对高一些，而红线则是最后的、不可逾越的界限。

最后，"自然资源利用上限、环境质量底线、生态保护红线"三个概念中都包含有红线与底线的内涵。

"自然资源利用上限"是促进资源能源节约，保障能源、水、土地等资源高效利用，不应突破的最高限值。守住上限就是资源开发利用的最低要求，上限值实际上也是底线值，只不过是正向值或负向值的问题。通过政策法规明确后，上限也就成了红线，主要包括水资源利用红线、土地资源利用红线、能源利用红线。

"环境质量底线"就是要保障人民群众呼吸上新鲜的空气、喝上干净的水、吃上放心的粮食、维护人类生存的基本环境质量需求。大部分环境指标的底线值可以通过计算得到，通过政策法规明确后，就成了红线，包括环境质量达标红线、污染物排放总量控制红线、环境风险管理红线等。

"生态保护红线"的实质是通过政策法规明确的生态环境安全底线。不触碰红线就是生态保护的底线要求。生态保护红线主要包括禁止开发区生态红线、重要生态功能区生态红线、生态环境敏感区生态红线、脆弱区生态红线等。

（三）关于"底线"与"红线"概念应用的建议

在生态环境与资源领域的政策法规制定及具体工作中，要科学应用"红线"与"底线"概念，建议关注以下几个方面。

一是政策中明确区分相关概念。首先，要区分红线区与红线值的概念。红线区是指生态环境与资源红线所包围的区域。红线值是指一些生态环境与资源指标的阈值，受法律保护，考评红线区的具体指标值均属于红线值。对于非红线区，一些指标的值如果具有严格的政策法律约束力，也属于红线值。对于大量不属于红线的指标值，生态底线值也是重要的参考标准，相关指标的考核标准或发展目标一般不能低于底线值。其次，明确相关口号中红线与底线的含义。在"资源消耗上限、环境质量底线、生态保护红线""划定红线，守住底线"等要求中，红线应具有空间与数值的双重含义，不能单独作为空间概念。而底线则很少用作空间概念。

二是构建一体化的红线与底线考核机制。目前，国家已出台有《生态保护红线划定技术指南》《党政领导干部生态环境损害责任追究办法（试行）》等政策措施，初步明确了红线的考核办法。一些地方也确定了红线考核指标及标准。但目前缺乏针对底线的考核机制，需要尽快完善。

尽管底线的范畴相对模糊，也是可以用来考核的，但需要与红线结合起来，构建一体化的考核机制。红线与底线一体化考核机制主要包括：第一，红线区考核。对于已划定的红线区，以不触犯红线作为重要考核标准；第二，对于非红线区，选择具有代表性且能明确底线值或底线目标的指标，作为考核指标。这时相应指标的底线值也就成了红线值。

三是同时开展"确定底线"与"划定红线"工作。在生态环境与资源领域，底线是一个区域划定红线区及确定红线值的重要基础。"确定底线"与"划定红线"是相辅相成的，各地只有准确摸清当地的生态环境与资源底线，才有利于划定红线区与确定红线值。

"确定底线"也是各地制定生态环境与资源发展目标的重要依

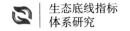
据，从这个意义上讲，明确众多指标底线工作进展本身也应成为一项重要的考核标准。

比如，在环境质量方面，环境保护部多次发文要求各地测算环境容量（实际上就是环境底线），但很多区域相关工作进展缓慢。这既使这些地区划定环境质量红线的工作缺乏科学的依据，也使"守住底线"成为一句空洞的口号。

四是把更多指标的底线逐步转变为具有政策法规约束力的红线。违反红线就是违法或违反政策，突破底线则要受到自然的惩罚，但缺少约束力。

对于那些没有规定红线标准的指标，要"守住底线"，则面临较大的不确定性，需要在完善底线指标体系的基础上，把更多重要指标的底线值变成红线值。环境与资源领域的指标较容易确定底线值与红线值，生态领域指标的底线则较难计算及统一标准，一般通过划定红线区实现。

五是明确"底线/红线"考核机制与原有年度考核机制的关系。目前，林业、水资源、土地、能源等部门都有各自的年度考核目标及标准，再加上红线标准与底线考核，容易造成混乱。在考核相关部门时，需要明确它们之间的关系定位。

主要从两个方面理解。

第一个方面是环保、林业、土地、水利、能源等专业部门的考核。对各专业部门的考核要坚持"年度目标为准，红线与底线把关"的原则。部门相关指标高于或等于红线或底线的，以部门目标为准；部门相关指标低于红线或底线的，以部门目标为准，但限期达到红线或底线之上。

对于环保、林业、土地、水利、能源等专业部门来说，红线与底线应是制定年度目标的重要依据。各专业部门所确定的发展目标值或相关部门制定的年度目标值，一般要高于底线或红线，属于对更高目标的追求，主要具有政策导向意义。当然，也不排除一些区域由于生态环境破坏严重，把一些指标的底线值或红线值作为约束性目标或发展目标的情况。

第二个方面是对各地党政一把手或主要领导班子的考核。从各部门指标中选择关键指标，作为各地区主要领导的考核标准。基本原则是"不触犯红线，守住底线"。有红线标准的指标以红线标准作为考核标准；没有红线标准的指标，守住关键指标的底线是最低要求。如果一个区域的一个原本处于底线之上的关键指标跌至底线以下，不仅要追究相关部门领导的责任，也要追究当地主要领导的责任。

总之，"底线"与"红线"两个概念既有区别又有联系，在政策法规中的应用中，需要明确定位与区分。随着两个概念在生态、环境与资源三个领域，特别是在生态文明建设中的应用越来越广泛，准确理解与把握这两个概念，具有较重要的理论与现实意义。

参考文献：

娄伟、潘家华：《"生态底线"与"生态红线"概念辨析》，《人民论坛》2015 年
　　第 36 期。

参考文献

［1］《习近平谈治国理政》，外文出版社，2014。

［2］《习近平谈治国理政》（第二卷），外文出版社，2017。

［3］中共中央宣传部：《习近平新时代中国特色社会主义思想三十讲》，学习出版社，2018。

［4］潘家华：《中国的环境治理与生态建设》，中国社会科学出版社，2015。

［5］潘家华、吴大华等：《生态引领 绿色赶超——新常态下加快转型与跨越发展的贵州案例研究》，社会科学文献出版社，2015。

［6］沈满洪主编《生态经济学》，中国环境科学出版社，2008。

［7］秦大河、张坤民、牛文元主笔《中国人口资源环境与可持续发展》，新华出版社，2001。

［8］高吉喜：《可持续发展理论探索》，中国环境科学出版社，2001。

［9］习近平：《绿水青山也是金山银山》，《浙江日报》2005年8月24日。

［10］习近平：《从"两座山"看生态环境》，《浙江日报》2006年3月23日。

［11］潘家华、黄承梁、庄贵阳、李萌、娄伟：《指导生态文明建设

的思想武器和行动指南》，《环境经济》2018 年第 Z2 期。

[12] 吴大华：《中国特色的循环经济发展研究》，科学出版社，2011。

[13] 吴大华：《依法守住发展与生态两条底线》，《光明日报》2015 年 2 月 8 日。

[14] 颜强、吴大华：《守好发展和生态两条底线 为美丽中国贡献"绿色智慧"》，《理论与当代》2018 年第 6 期。

[15] 李萌：《基于环境介质的生态底线指标体系构建及考核评价》，《中国人口·资源与环境》2016 年第 7 期。

[16] 娄伟、潘家华：《"生态红线"与"生态底线"概念辨析》，《人民论坛》2015 年第 36 期。

[17] 潘家华：《生态文明：一种新的发展范式》，*China Economist* 2015 年第 4 期。

[18] 赵克志：《守住生态和发展两条底线 抒写美丽中国的贵州篇章》，《人民日报》2014 年 7 月 11 日。

[19] 刘希刚：《论生态文明建设中的"底线"与"底线思维"》，《西南大学学报》（社会科学版）2015 年第 2 期。

[20] 陈星、周成虎：《生态安全：国内外研究综述》，《地理科学进展》2005 年第 6 期。

[21] 李苗苗：《借鉴美国经验 完善我国政府环境审计》，《财会月刊》2014 年第 22 期。

[22] 连玉明主编《中国生态文明发展报告》，当代中国出版社，2014。

[23] 《贵州：创建生态文明建设体制机制 加快创建全国生态文明先行区》，《贵州日报》2013 年 12 月 11 日。

[24] 李干杰：《"生态保护红线"：确保国家生态安全的生命线》，

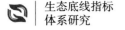

《求是》2014 年第 2 期。

［25］《习近平：希望贵州加强与瑞士生态文明建设交流合作》，《贵州日报》2013 年 7 月 21 日。

［26］李萌、潘家华：《推动生态文明建设迈上新台阶 开创美丽中国建设新局面》，《环境保护》2018 年第 11 期。

［27］李萌：《突出三大导向，深化生态文明体制改革》，《环境经济》2018 年第 Z2 期。

［28］潘家华、黄承梁、李萌：《系统把握新时代生态文明建设基本方略——对党的十九大报告关于生态文明建设精神的解读》，《环境经济》2017 年第 20 期。

［29］李萌：《中国"十二五"绿色发展的评估与"十三五"绿色发展的路径选择》，《社会主义研究》2016 年第 3 期。

［30］庄贵阳：《新时代中国特色生态文明建设的核心要义》，《企业经济》2018 年第 6 期。

［31］庄贵阳、薄凡：《生态优先绿色发展的理论内涵和实现机制》，《城市与环境研究》2017 年第 1 期。

［32］黄承梁：《论生态文明融入经济建设的战略考量与路径选择》，《自然辩证法研究》2017 年第 1 期。

［33］李平等：《走向生态文明新时代的科学指南：学习习近平同志生态文明建设重要论述》，中国人民大学出版社，2015。

［34］陈洪波、潘家华：《我国生态文明建设理论与实践进展》，《中国地质大学学报》（社会科学版）2012 年第 5 期。

［35］邓玲、周璇：《全面推进生态文明建设的协同创新研究》，《新疆社会科学》2015 年第 6 期。

［36］黄承梁、余谋昌：《生态文明：人类社会全面转型》，中共中央党校出版社，2010。

［37］栗战书：《文明激励与制度规范——生态可持续发展理论与实践研究》，社会科学文献出版社，2012。

［38］李文华：《建设生态文明实现人与自然和谐发展》，《中国环境报》2007年10月19日。

［39］毛卫平：《习近平治国理政思想的新境界》，《学习时报》2016年8月8日。

［40］明翠琴、钟书华：《国外"绿色增长评价"研究述评》，《国外社会科学》2013年第5期。

［41］苏立宁、李放：《"全球绿色新政"与我国"绿色经济"政策改革》，《科技进步与对策》2011年第8期。

［42］中共中央宣传部：《习近平总书记系列重要讲话读本》，学习出版社、人民出版社，2016。

［43］孙新章、王兰英、姜艺、贾莉、秦媛、何霄嘉、姚娜：《以全球视野推进生态文明建设》，《中国人口·资源与环境》2013年第7期。

［44］陶文昭：《科学理解习近平命运共同体思想》，《中国特色社会主义研究》2016年第2期。

［45］王莽、赵忠秀：《"绿色化"打造中国生态竞争力》，《生态经济》2016年第2期。

［46］张高丽：《大力推进生态文明 努力建设美丽中国》，《求是》2013年第24期。

［47］张伟、蒋洪强、王金南、曾维华、张静：《科技创新在生态文

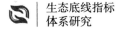
明建设中的作用和贡献》,《中国环境管理》2015年第3期。

[48] 庄贵阳:《生态文明制度体系建设需在重点领域寻求突破》,《浙江经济》2014年第14期。

[49] 卢风等:《生态文明新论》,中国科学技术出版社,2013。

[50] 徐静主编《贵州生态文明发展报告（综合卷)》,社会科学文献出版社,2012。

[51] 徐静主编《两条底线上的理性探索》,社会科学文献出版社,2014。

后　记

根据贵州省人民政府与中国社会科学院签署的战略合作框架协议，2015 年受贵州省委托开展"贵州省生态底线指标体系"重大课题研究，课题由时任中国社会科学院城市发展与环境研究所所长、中国社会科学院可持续发展研究中心主任、国家气候变化专家委员会委员潘家华研究员领衔主持，贵州省社会科学院院长吴大华研究员协助主持，中国社会科学院和贵州省社会科学院相关科研人员参与。旨在贯彻落实习近平总书记"坚持底线思维，守住发展和生态两条底线"的指示精神，探讨建立反映维护基本生态系统服务和生态安全的考核指标体系，量化生态环境保护绩效评估，形成环境污染控制和环境质量改善的倒逼机制，促进贵州省更好实施大生态战略行动，更加自觉地守好底线、走好新路，以实际行动坚决推进生态文明建设，为服务国家大局做出贵州贡献。

课题组历时半年，对贵州省各个地域进行全面深入的实地调研，与相关部门座谈，对企业、住户等进行调研走访，并召开专家咨询会进行论证研讨，完成了相关研究。研究报告经以中国科学院院士、世界科学院（TWAS）院士、中国科学院植物研究所所长方精云教授为首的评审专家组的论证后顺利通过验收。依托研究提出的相关政策建议得到了国家以及贵州省委、省政府的高度肯定与批示，指标体系被纳入实践考核的应用。

为使该课题成果更好地服务于我国污染防治攻坚战，加强长江、珠江上游等重要生态安全屏障建设，使贵州探索出的成功经验能为全国其他地方的生态建设提供借鉴和参考，共建美丽中国，课题组对上述课题成果又进行了深化和延伸研究，最终形成了《生态底线指标体系研究——以贵州为案例》这本专著，这是中国社会科学院与贵州省签署战略合作协议后的又一个专项课题成果。

感谢贵州省人民政府"院省合作专项资金"资助，感谢贵州省社会科学院对课题的调研工作不遗余力的支持和配合，感谢社会科学文献出版社为本书出版提供的大力支持和责任编辑的辛勤劳动。本专著既凝注团队领导心血和洞见，也是大家集思广益的思想结晶，感谢全体课题组成员，感谢所有对课题研究和专著写作做出贡献的同人。中国社会科学院潘家华学部委员、贵州省社会科学院吴大华书记在本书写作过程中给予大量指导并为本书撰写了序言，在此深表感谢！

李　萌

2021 年 3 月

图书在版编目（CIP）数据

生态底线指标体系研究：以贵州为案例／贵州省社
会科学院编；李萌等著． -- 北京：社会科学文献出版
社，2021.8
ISBN 978 - 7 - 5201 - 8543 - 1

Ⅰ．①生⋯　Ⅱ．①贵⋯ ②李⋯　Ⅲ．①区域生态环境
- 生态环境保护 - 研究 - 贵州　Ⅳ．①X321.267.3

中国版本图书馆 CIP 数据核字（2021）第 109943 号

生态底线指标体系研究
—— 以 贵 州 为 案 例

编　　者／贵州省社会科学院
著　　者／李　萌等

出 版 人／王利民
组稿编辑／邓泳红
责任编辑／陈　颖

出　　版／社会科学文献出版社·皮书出版分社（010）59367127
　　　　　地址：北京市北三环中路甲 29 号院华龙大厦　邮编：100029
　　　　　网址：www.ssap.com.cn
发　　行／市场营销中心（010）59367081　59367083
印　　装／北京玺诚印务有限公司

规　　格／开　本：787mm × 1092mm　1/16
　　　　　印　张：15.75　字　数：171 千字
版　　次／2021 年 8 月第 1 版　2021 年 8 月第 1 次印刷
书　　号／ISBN 978 - 7 - 5201 - 8543 - 1
定　　价／98.00 元